海南省自然科学基金青年基金项目（621QN242）
海南省自然科学基金高层次人才项目（622RC669）
海南省高等学校科学研究项目（Hnky2021-23）

钻孔应变观测数据
震前异常提取研究

池成全◎著

中国矿业大学出版社

·徐州·

内 容 提 要

地壳形变观测是极其重要的地震前兆观测内容之一,钻孔应变观测方法具有精度高、频带宽等优势,可以精确测量到地壳形变变化,因此钻孔应变观测数据分析成了地震前兆研究的一种重要手段。本书针对地震活动前的地壳形变观测等相关问题展开研究,分析了应变固体潮、气温、气压和钻孔水位对钻孔应变观测的影响,利用最小噪声分离、希尔伯特-黄变换、变分模态分解的方法去除影响因素,采用瞬时能量计算、主成分计算的方法提取钻孔应变数据异常,通过地震前兆判据、随机时间对比及多台站对比等手段分析提取到的异常与地震之间的关联性。

本书可供地震数据处理相关研究方向的在校硕士、博士研究生及科研院所相关人员阅读参考。

图书在版编目(C I P)数据

钻孔应变观测数据震前异常提取研究/池成全著
. —徐州:中国矿业大学出版社,2023.3
ISBN 978 - 7 - 5646 - 5770 - 3

Ⅰ. ①钻… Ⅱ. ①池… Ⅲ. ①地应变—应变观测
Ⅳ. ①P315.1

中国国家版本馆 CIP 数据核字(2023)第 049968 号

书　　　名	钻孔应变观测数据震前异常提取研究
著　　　者	池成全
责任编辑	路　露
出版发行	中国矿业大学出版社有限责任公司
	(江苏省徐州市解放南路　邮编 221008)
营销热线	(0516)83885370　83884103
出版服务	(0516)83995789　83884920
网　　　址	http://www.cumtp.com　**E-mail**:cumtpvip@cumtp.com
印　　　刷	苏州市古得堡数码印刷有限公司
开　　　本	787 mm×1092 mm　1/16　**印张** 7　**字数** 179 千字
版次印次	2023 年 3 月第 1 版　2023 年 3 月第 1 次印刷
定　　　价	45.00 元

(图书出现印装质量问题,本社负责调换)

前　言

我国是世界上地震活动强烈和地震灾害严重的国家之一,尤其是在地震多发地区,地震灾害时刻威胁着人民的生命财产安全。由于地震孕育机理十分复杂,地震预测仍然是一个长期探索方能解决的世界性科学难题。我国建立了包含重力、地壳形变、地磁、地电及地下流体学科因素为观测对象的地面前兆观测体系,为我国地震前兆研究提供了丰富的观测数据。找到合适、有效的前兆观测数据的震前异常识别与提取方法对地震预测预报工作有着重要的意义。

地壳形变观测是极其重要的前兆观测内容之一。钻孔应变观测方法具有精度高、频带宽等优势,可以精确测量到地壳形变变化,因此钻孔应变观测数据分析成了地震前兆研究的一种重要手段。然而,在钻孔应变观测数据的分析研究中存在着一些亟待解决的问题:钻孔应变仪虽然深埋于地下,但是钻孔应变观测数据仍然会受到应变固体潮、气温、气压、钻孔水位等因素的影响;不同地震前的钻孔应变数据异常形态及分布各不相同,常规方法很难有效识别和提取到此类异常;在钻孔应变数据异常与地震之间的关联性分析方面,仍然需要更多有利的证据。

针对这些问题,第1章首先阐述本书的研究目的及意义,其次详细介绍国内外钻孔应变观测的发展现状和钻孔应变数据的研究现状;第2章介绍了钻孔应变观测原理及应变换算;第3章主要介绍钻孔应变观测的影响因素,并结合实例对应变固体潮、气温、气压和钻孔水位的频域特征进行了分析;第4章、第5章和第6章分别采用最小噪声分离技术、希尔伯特-黄变换和变分模态分解的方法对钻孔应变数据进行影响因素去除,并分别采用S变换、瞬时能量和主成分域的方法对钻孔应变观测数据进行异常提取;第7章对全书的主要研究工作进行归纳总结,并对下一步研究工作做出了展望。

笔者在此特别感谢吉林大学仪器科学与电气工程学院的朱凯光教授对本书撰写的全程指导,感谢邱泽华研究员提出的宝贵意见和建议。本书得到海南省自然科学基金青年基金项目(621QN242)、海南省自然科学基金高层次人才项目(622RC669)和海南省高等学校科学研究项目(Hnky2021-23)的支持,在此表示感谢。

笔者从2015年开始致力于钻孔应变前兆数据震前异常提取的研究,由于学术水平有限,研究深度稍显欠缺,且对研究中所涉及的科学问题的解释和分析存在一定不足,书中错误在所难免,恳请读者批评指正!

著　者

二〇二二年腊月

目　录

第1章 研究概述

1.1 研究目的及意义

地震是地壳在快速释放能量的过程中产生振动的一种自然现象(张文慧,2013),因地球板块间相互挤压碰撞造成的板块边缘及内部发生错动和破裂而产生。资料显示,地球每年可记录到 500 多万次地震,其中绝大多数地震因震级太小或震源太深而不被人感知。地震活动周期短则几十年,长则几百年(王文湛等,1997)。地震活动在时间上呈不均匀分布,主要包括地震活跃期和地震平静期,在地震活跃期地震频繁发生且震级较大(7 级以上),在地震平静期较少发生地震且震级较小(杜建国等,2018)。

地震灾害具有突发性和不可预测性等特点(雷娜,2015)。地震灾害会使建筑物和设备倒塌和损坏,生命线等工程设施被破坏,造成人畜伤亡和财产损失(民政部国家减灾中心数据中心,2014),还会产生严重的次生灾害(图 1-1),危害人类社会安全。

(a)   (b)

图 1-1 地震引起的次生灾害

我国是世界上地震活动强烈和地震灾害严重的国家之一(邵楠清,2016)。印度板块对青藏高原的推挤是我国大陆构造形变的主要动力。我国地形复杂、地质结构差异大等特点,使得我国地震分布呈现西强东弱的不均匀态势(张培震,2008)。在我国 20 世纪以来的地震活动分布中,"西部"以四川、新疆、西藏为主要地震活动区域,这些地区存在着大量的断裂带,地震频发;"东部"发生的地震主要集中在我国的台湾地区。

我国多年来饱受地震困扰。北京时间(UTC+8)2008 年 5 月 12 日(星期一)14 时28 分04 秒,于四川省汶川县映秀镇与漩口镇交界处(北纬 31.01°,东经 103.42°)发生里氏8.0 级地震,震源深度为 10~20 km,破坏性巨大(陈建君,2009)。其波及范围为震中 50 km 范围内的县城和 200 km 范围内的大中型城市,其中极重灾区有 10 个县,较重灾区有 41 个县,一般灾区有 186 个县。北京时间(UTC+8)2013 年 4 月 20 日 8 时 02 分,于四川省雅安市芦山县(北纬 30.3°,东经 103.0°)发生里氏 7.0 级地震,震源深度为 13 km。地震累计造成 230 余万人受灾。北京时间(UTC+8)2017 年 8 月 8 日 21 时 19 分 46 秒,于四川省北部阿坝州九寨沟县发生里氏 7.0 级地震,震源深度为 20 km,震中位于北纬 33.20°,东经 103.82°。地震造成约 17 万人(含游客)受灾,共造成经济损失约 1.1 亿元(周桂华等,2013)。

陈运泰院士指出,由于地震孕育机理十分复杂,地震预测仍然是一个需要通过长期探索方能解决的世界性科学难题(陈运泰,2007)。《Science》杂志在创刊 125 周年之际,把"是否存在有助于预报的地震先兆"列为第 55 个最具挑战性的科学问题(杨百存等,2016)。首先,人们对于地震孕育机理缺乏足够认识,限制了地震预测的水平,即使在震前发现了异常现象,也难以对异常做出合理的判断与预报(王若鹏,2012)。其次,地震预测还受到观测技术的严重制约。然而,随着地震前兆观测仪器的技术发展日趋成熟,前兆观测数据的分析研究成了研究人员探索地震前兆的有力手段。近年来中国、美国、日本等国的学者采用不同的方法针对地磁(Skelton et al.,2014;Hattori et al.,2004;Saroso et al.,2009;Xu et al.,2013;Hattori et al.,2013;Serita et al.,2005;韩鹏等,2009;史海霞等,2018;Jyh-Woei et al.,2011)、电离层(Santis et al.,2017;Santis et al.,2019;Marchetti et al.,2020;Santis,2018;Vyron et al.,2019;Zhu et al.,2019)、地下水化学(Skelton et al.,2014)等前兆观测数据进行了研究,发现了许多地震前兆的"蛛丝马迹",而这些研究结果表明,地震前兆异常具有多样性和复杂性的特点,即异常的出现常因地而异,同一地区的不同地震发生之前,地震前兆现象有很大差异;异常空间分布呈现不均匀性、异常形态呈现多样性、同地区存在差异性、异常与地震关系存在不确定性等(牛志仁,1978)。针对地震前兆异常的这些特点,合适、有效的前兆观测数据异常识别与提取方法研究成了当今地震前兆研究的热点之一。

我国建立了地震前兆观测台网,主要包括重力、地壳形变、地磁、地电及地下流体等学科因素观测,修建和改造了多个地震台站,实现了从地震台站数据采集与传输到台网中心数据接收与实时处理的网络化,便于严格把控地震前兆台站数据传输的及时性和数据完整性。到目前为止,各学科台网建设投入仪器运行稳定,总体观测数据质量良好,为中国地震预测预警、地球科学研究和国家地震安全计划提供了有力的支撑(余丹等,2017)。2018 年 2 月 2 日,我国发射了首颗地球物理场探测卫星张衡一号,目前在轨运行正常,填补了中国在地球物理探测卫星获取能力方面的空白(申旭辉等,2018)。至此,我国拥有了空地一体的地震前兆监测网络,为地震前兆研究提供了丰富的前兆观测数据。

在地面监测体系中,地壳形变观测是极其重要的前兆观测项目之一。钻孔应变观测是研究地壳变形和地应力场变化的一种重要手段,可以观测区域应力场作用下的地壳变形(邱泽华等,2004)。钻孔应变仪以精度高、频带宽、受地形限制少、安装方便、维护简单等优点而成为主要的地壳形变观测仪器。全球定位系统(Global Positioning System,GPS)和传统测震仪也是监测地壳形变的重要手段之一,然而钻孔应变观测相比 GPS 观测和传统测震仪观测,有着明显的优势。GPS 可根据测量的位移计算出应变值,然而钻孔应变仪可以进行更高精度(10^{-11})的观测。传统测震仪观测的是一个点的运动,是一个矢量;钻孔应变仪观测的是一个点的应变变化,是一个张量,这种观测物理量的差别决定了钻孔应变仪观测可以给出传统测震仪观测无法给出的信息。传统测震仪主要记录较为高频的观测频带,GPS 主要记录相对低频的观测频带,而钻孔应变观测几乎覆盖了整个观测频带(邱泽华,2017)。钻孔应变仪可以将地震、火山等地壳形变以秒值或分钟值连续记录下来。

综上所述,钻孔应变仪有能力观测到地震前兆现象,钻孔应变观测数据的分析及异常提取对于地震前兆研究有着重要的意义。

1.2 钻孔应变观测发展现状

1.2.1 钻孔应变仪的发展

在国际上钻孔应变观测技术飞速发展。世界上开展钻孔观测技术设备研究和应用的国家主要是美国、中国、日本和澳大利亚。

在国外,1968 年 9 月得克萨斯大学的艾弗森和卡内基研究院的萨克斯联合研制了世界第一台体积式钻孔应变仪,并被广泛应用于世界诸多国家(李海亮等,2010),该仪器具有较高的分辨率和较好的稳定性,能够观测地震、慢地震以及火山活动的地壳变形。体积式钻孔应变仪研制成功后,以其为基础,世界上许多国家也相继开展钻孔应变仪的研发工作。20世纪 90 年代,日本科学家坂田正治研制出了坂田三分量体积式钻孔应变仪,并在大洋钻探计划(Ocean Drilling Program,ODP)中应用。石井纮、山内常生和松本滋夫合作研制出了体积更小的三分量应变仪,其内部的独特构造可以使探头的直径放大 40 倍,探头采用的磁传感器体积较小,这给仪器的安装带来便利;在此基础上,三人研制出了综合钻孔应变观测仪(石井-山内-松本"地壳活动综合观测装置"),该仪器可以观测地震、应变(分量式)、温度、地磁等地球物理参数,允许研究人员根据需求灵活组合观测项目。澳大利亚学者 Michael 研制出了张量钻孔应变观测仪器,这种仪器能观测多个水平应变分量,在美国和许多其他国家被大量应用(苏恺之,2003)。

在国内,多分量式及倾斜钻孔应变仪器也有了长足的进步。20 世纪 90 年代,中国地震局地壳应力研究所研制出 TJ 型高精度电容式单分量应变仪;欧阳祖熙等研制出四分量电容式应变仪;苏恺之根据四分量钻孔应变仪的特点,提出了自洽验证方法来检测观测数据的质量,为钻孔应变观测资料的质量评价提供了新的参考依据;池顺良等研制出了钻孔多分量应变观测仪,其研制出的使用电容传感器的差应力仪的分辨率达 1×10^{-9} (邱泽华,2010);CZB 系列垂直钻孔倾斜观测仪也相继问世。目前这几种类型的应变观测仪在国内数十个观测台站安装使用,经过数年积累,已经获得大量优质的观测数据。

目前我国除了大力发展各种体积式应变、分量式应变、钻孔倾斜等多种单项观测技术,还开展了深孔应变观测以及多参数观测的综合性钻孔观测仪器研制。2010 年地质力学所开发的中深井综合地球物理监测系统被安装在多个台站,并取得大量有价值的观测数据(王英等,2013);地壳应力研究所的欧阳祖熙等研制了新型深井宽频带综合观测系统,该系统具有噪声低、动态范围大的特点,研究人员可以根据研究需要灵活进行组合观测;两套深井地壳形变综合观测试验系统在北京百善和福建潭州成功安装。这些研究成果标志着我国的钻孔应变观测进入新的阶段。

1.2.2 钻孔应变仪的应用

伴随钻孔应变仪的飞速发展,世界范围内开展了大量的观测计划,其中美国"板块边缘观测"(Plate Boundary Observation,PBO)计划就是其中较著名的一个,其主要包括三个部分:由进行整个板块边界区域总体特征观测的 GPS 接收机组成的骨干网单元;由安装在美国西部与阿拉斯加州南部构造带上的 GPS、钻孔应变仪和激光应变仪组成的观测单元;已安装台站未覆盖的区域的 GPS 观测单元(欧阳祖熙,2011)。图 1-2 所示为在美国圣安德烈斯断层附近和阿拉斯加州南部地区布设的大量钻孔应变仪。

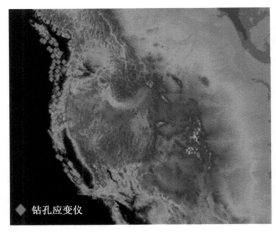

图 1-2　PBO 钻孔应变仪分布图

受美国"板块边缘观测"的启发,我国"十五"期间利用"数字地震观测网络建设"项目改造和建立了约 100 个钻孔应变观测点,其中约有 40 套 YRY-4 型四分量钻孔应变仪,约有 60 套 TJ 型钻孔体应变仪(邱泽华等,2002)。两种仪器的分辨率均高达 1×10^{-9}。YRY-4 型四分量钻孔应变仪的安装深度为 40 m 左右,而 TJ 型钻孔体应变仪安装的深度约为 60 m(邱泽华等,2009)。"十五"期间建立的钻孔应变观测点的采样间隔为 1 min,经过多年运行,大部分观测点观测仪器工作状态稳定,可以清晰记录到光滑的固体潮。观测到的钻孔应变数据质量基本达到理想要求,为获取高质量的观测数据提供了坚实的基础。

1.3　钻孔应变数据研究现状

钻孔应变观测在人类对地壳活动的研究中扮演着重要的角色。随着钻孔应变观测技术的日益成熟,研究人员将钻孔应变数据应用到地震同震应变阶、慢地震、火山喷发预测、地球自由振荡和地震前兆异常提取等领域,并取得了重要进展。

在研究地震同震应变阶方面:同震应变阶,是地震发生时仪器记录到的同震阶跃现象。钻孔应变观测记录的同震应变阶,对于研究同震应力触发断层活动具有特殊的价值。Sacks 等对日本松代安装的 3 套 Sacks-Evertson 体应变仪进行了对比观测,发现与震中距离相同的应变仪可同时记录到地震应变阶(Sacks et al.,1971)。Mcgarr 等利用安装在 ERPM 金矿中的应变仪器获得了大量数据,通过分析证实了应变仪记录到的阶跃现象是同震应变阶(Mcgarr et al.,1982)。张敏等收集了青海 6 个钻孔应变台站资料,对青海玉树 7.1 级地震、日本东海岸 9.0 级地震和四川芦山 7.0 级地震进行同震响应和震后效应特征对比分析,得出钻孔应变同震应变阶与地震波在时间上是同步的,并且应变阶跃与震源方位和震级等因素有较好的对应(张敏等,2014)。李鹏等针对 2015 年 4 月 25 日尼泊尔 8.1 级地震,对 4

个台站的钻孔应变观测资料进行研究,发现钻孔应变同震应变阶的波动幅度和持续时间与地震的震级等有着一定的关系(李鹏等,2016)。

在研究慢地震方面:慢地震是指那些发震持续时间较长的地震。慢地震的发生有时可能是大地震发生的前兆现象,因此研究慢地震有着十分重要的意义。Linde 等发现 1992 年 12 月在加利福尼亚州的圣安德烈斯断层附近的两个钻孔应变仪记录到一个缓慢的慢地震现象并持续了大约一个星期的时间。Sacks 等发现,三个 Sacks-Evertson 钻孔应变计记录到了 1978 年的 Izu-Oshima 地震之后的一系列慢地震现象。

在研究地球自由振荡方面:地球在发生大地震时,由于局部受到激发,地球本身以某些频率发生振动,这种现象称为地球自由振荡。研究地球自由振荡对了解地球密度和弹性结构以及大地震的震源机制等有着重要的作用。高精度钻孔应变观测仪是一种理想的地壳形变观测仪器,能为地球自由振荡研究提供更丰富的信息。邱泽华等率先根据泰安地震台有差应变和体应变两种钻孔应变仪观测到 2004 年 12 月 26 日印尼苏门答腊大地震激发的地球自由振荡。唐磊等利用中国 20 多个台站的 TJ 型钻孔体应变仪的观测资料,提取到 2004 年 12 月 26 日印尼苏门答腊地震激发的地球球型振荡。

在研究地震前兆异常提取方面:我国学者在钻孔应变数据地震前兆异常识别和提取方面进行了大量研究。

邱泽华等发现在 1976 年中国唐山 7.8 级大地震之前,陡河和赵各庄应力监测站观测到了垂直于断裂带的显著地应力拉伸脉冲异常现象,研究认为这样的地表观测反映了与地震有关的地壳运动。池顺良等基于钻孔应变数据自洽理论,对姑咱台和昭通台的钻孔应变数据进行了分析,发现在汶川 8.0 级地震前出现了数据自洽性遭到破坏的现象,并认为这种现象与地震成核过程有关。邱泽华等为了避免周期信号的影响,利用高通滤波将姑咱台钻孔应变数据的短周期信号提取出来,并采用小波分解和超限率分析的方法发现了与汶川地震相关的异常,并且呈现出异常在震前开始增多、震后逐渐减少的现象,与唐山地震发现的异常相似。刘琦等通过研究姑咱台钻孔应变数据发现,在汶川地震前钻孔应变观测数据出现了大量异常现象(刘琦等,2011),由于畸变信号相比整个应变观测信号微弱,采用高通滤波对短周期信号进行提取并采用 S 变换的方法捕捉到异常信号在震前逐渐增多、震后逐渐消失的现象。文勇等对青海地区 6 个台站钻孔应变数据影响因素进行了研究,对影响较小的 4 个台站进行地震前兆异常研究,发现湟源地震台钻孔应变数据在汶川地震前出现了可能的前兆异常。邱泽华等发现芦山地震数天前,姑咱台钻孔应变仪记录到了显著的异常变化,通过对照异常变化的形态特征和实地调查排除了其他影响因素的干扰,认为这种异常变化应该与芦山地震有成因联系。史小平等针对岷县地震分析了临夏台钻孔应变数据,发现数据的主应力和主方向的变化与地震有很强的相关性。刘琦等采用 S 变换的方法对芦山地震前姑咱台钻孔应变数据的高通信号进行了分析,发现了两簇高能异常:一簇开始于 2012 年 10 月并持续了约 4 个月,另一簇则开始于芦山地震前数天,对于这种异常信号的来源,目前尚无法确定,并不排除与地震相关的可能性。

综上所述,在钻孔应变数据的地震前兆异常提取研究中,数据趋势和应变固体潮会影响数据中短周期信号的研究,目前多采用滤波和线性拟合的方式来提取数据中的短周期信号,然而,这些方法在进行短周期信号提取的同时也会在不同程度上破坏异常信号的形态。在钻孔应变数据影响因素研究方面,多采用时域曲线对比方式进行排除,直接针对钻孔应变数据去除影响因素的研究很少;不同地震的震前异常各不相同,传统方法难以分辨和提取此类异常;在异常与地震的关联性分析方面,仍需要给出有力的证据。在应变固体潮去除方面,本书将利用应变固体潮在钻孔应变数据中占据主导地位的特点,将分解后的钻孔应变数据按照信噪比排列,判断并去除排在前列的应变固体潮分量;在对钻孔应变数据影响因素进行分析并去除方面,将直接对钻孔应变数据进行非线性分解,根据影响因素频率统计特性及数据形态特征,判断并去除影响因素;在地震前兆异常提取及分析方面,将从能量和空间分布的角度对地震前兆异常进行提取,通过随机时间比对及统计分析对震前异常进行定量分析。

第 2 章　钻孔应变观测原理及应变换算

2.1　钻孔应变观测原理

地壳运动是由地壳内部物质受到地球内应力的持续作用产生的。在构造应力的作用下,地壳块体间的相对运动和地壳介质的变形主要集中在断层带及其附近,因而地壳内的多数地震是沿原有断层发生的(杨修信,1990)。钻孔应变仪是用来观测地壳变形的仪器,主要安装在断裂带附近进行地震前兆观测。地质力学学说和板块学说认为,就全球而言,地壳运动以水平运动为主,钻孔应变仪的目标观测量就是平面应变。

钻孔应变仪是把传感器放置在钻孔中进行观测的,相对于地球其观测的就是地壳的一个极其微小部分的变形,可以近似为一个点的形变观测结果。钻孔应变仪的探头内部是测量内径变化的元件,将探头用密封的圆柱形套筒进行密封并放置到钻孔中,用特质的水泥进行填充,使探头与周围介质的孔隙耦合在一起。四分量式钻孔应变观测是一种相对观测,它只能观测得到目标观测量的变化,不能得到目标观测量的全量,这种性质是由其原理模型决定的,图 2-1 所示为四分量钻孔应变仪观测平面应变张量原理模型。

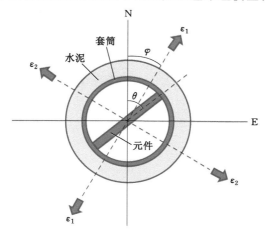

图 2-1　四分量钻孔应变仪观测平面应变张量原理模型

在图 2-1 中,用椭圆来描述圆发生的变形,对于同一个椭圆来说,如果圆的大小不一样,那么其变形的程度也不一样。要用椭圆的长轴 a 和短轴 b 与圆的半径 r 的差 $a-r$ 和 $b-r$ 与圆的半径 r 比值来描述椭圆的长轴和短轴,记 $\varepsilon_1 = \dfrac{a-r}{r}$ 和 $\varepsilon_2 = \dfrac{b-r}{r}$。我们把较大的记为 ε_1,称为最大主应变;较小的记为 ε_2,称为最小主应变。当主应变为负时表示元件伸长,反之表示元件缩短。最大主应变方向记为 φ。这三个量就可以描述二维应变状态。沿 θ 方向安装的元件直接观测的是探头套筒该方向的内径的相对变化 S_θ，S_θ 与 $(\varepsilon_1, \varepsilon_2, \varphi)$ 的关系可由下面的基本公式给出：

$$S_\theta = A(\varepsilon_1 + \varepsilon_2) + B(\varepsilon_1 - \varepsilon_2)\cos 2(\theta - \varphi) \tag{2-1}$$

式中，A、B 为两个待定常数，称为耦合系数，A 和 B 的值受套筒、水泥的尺寸和材料以及周围岩石性质的影响。这里的 $(\varepsilon_1, \varepsilon_2, \varphi)$ 是足够远处的应变。一般认为，只要与钻孔的距离大于 10 倍的钻孔直径就足够远。

值得注意的是当钻孔不存在时，岩体某方向的正应变 ε_θ 与 $(\varepsilon_1, \varepsilon_2, \varphi)$ 的关系是：

$$\varepsilon_\theta = \frac{1}{2}(\varepsilon_1 + \varepsilon_2) + \frac{1}{2}(\varepsilon_1 - \varepsilon_2)\cos 2(\theta - \varphi) \tag{2-2}$$

在既没有套筒也没有水泥填充的空孔情况下，某方向孔径相对变化 S'_θ 与 $(\varepsilon_1, \varepsilon_2, \varphi)$ 的关系是：

$$S'_\theta = \frac{\varepsilon_1 + \varepsilon_2}{1 - \nu} + \frac{2(\varepsilon_1 - \varepsilon_2)}{1 + \nu}\cos 2(\theta - \varphi) \tag{2-3}$$

式中　ν——泊松比。

对比式(2-1)、式(2-3)可以看出 S_θ 和 S'_θ 是不同的。当探头套筒和填充的水泥都存在时，A 和 B 并不等于 $\dfrac{1}{1-\nu}$ 和 $\dfrac{2}{1+\nu}$。耦合系数 A 和 B 可以通过特解组合法、复变函数等方法求解。在进行多台站钻孔应变数据联合分析时，为了使各台站数据处在同一个标准水平，耦合系数的求取是十分重要的。本书主要针对姑咱台站钻孔数据进行分析，耦合系数的求取就不做过多介绍了。

四分量钻孔应变仪的观测原理比较复杂，其直接观测量是元件的电容值。中国地震前兆台网提供的钻孔应变数据都是元件长度的相对变化值，因此在进行数据处理时一般不涉及元件的灵敏度。

由于钻孔应变观测的性质，把探头与周围的介质耦合起来才能进行应变观测，探头安装处的介质连续均匀才能满足质量要求。地表会存在气压变化和人类活动等干扰，因此需要将探头安装在一定深度的地下。我国四分量钻孔应变仪安装在地下 40 m 左右，其并不比国外几百米深的观测效果差，应变观测的数据质量是令人满意的（邱泽华等，2009）。

2.2　钻孔应变观测的自洽原理与应变换算

对于一种观测数据的质量评价，需要有一套完整的质量评价体系，而钻孔应变数据质量评价体系中的核心部分是自洽原理。自洽原理是我国四分量钻孔应变仪特有的评价体系，可以用来评判观测数据的准确性，也可以用来判断仪器工作的状态。

根据式(2-1)，对于 $\theta + \dfrac{\pi}{2}$ 方向，孔径相对变化为：

$$S_{\theta+\pi/2} = A(\varepsilon_1 + \varepsilon_2) - B(\varepsilon_1 - \varepsilon_2)\cos 2(\theta - \varphi) \tag{2-4}$$

由式(2-1)与式(2-4)相加得：

$$S_\theta + S_{\theta+\pi/2} = 2A(\varepsilon_1 + \varepsilon_2) \tag{2-5}$$

由式(2-1)与式(2-4)相减得：

$$S_\theta - S_{\theta+\pi/2} = 2B(\varepsilon_1 - \varepsilon_2)\cos 2(\theta - \varphi) \tag{2-6}$$

因为 θ 是任意角度,而 ε_1 和 ε_2 与 θ 无关,所以由式(2-5)可知任意两个互相正交方向的测值之和都是相等的。任意选择一个元件(记为元件 1)的孔径相对变化测值,记为 S_1,依次顺时针转动 $45°$,有元件测值 S_2、S_3 和 S_4(邱泽华等,2009)。根据式(2-1),四元件的观测值为:

$$\begin{cases} S_1 = S_{\theta_1} = A(\varepsilon_1 + \varepsilon_2) + B(\varepsilon_1 - \varepsilon_2)\cos 2(\theta_1 - \varphi) \\ S_2 = S_{\theta_1+\pi/4} = A(\varepsilon_1 + \varepsilon_2) - B(\varepsilon_1 - \varepsilon_2)\sin 2(\theta_1 - \varphi) \\ S_3 = S_{\theta_1+\pi/2} = A(\varepsilon_1 + \varepsilon_2) - B(\varepsilon_1 - \varepsilon_2)\cos 2(\theta_1 - \varphi) \\ S_4 = S_{\theta_1+3\pi/4} = A(\varepsilon_1 + \varepsilon_2) + B(\varepsilon_1 - \varepsilon_2)\sin 2(\theta_1 - \varphi) \end{cases} \tag{2-7}$$

式中　θ_1——元件 1 的方位角。当探头与围岩的耦合处于理想状况时,应该有:

$$S_1 + S_3 = S_2 + S_4 \tag{2-8}$$

这个关系称为四分量钻孔应变观测的自洽方程。四分量钻孔应变观测接近自洽的程度决定着观测的可靠性。安装钻孔应变仪时,需将其探头安装在完整的岩石中,这样才能保证其观测值满足自洽。

观测数据的信度对钻孔应变仪的自洽程度进行了评价,定义:

$$S_c = (S_1 + S_3) - (S_2 + S_4) \tag{2-9}$$

针对钻孔应变数据,假设在一个时间段内,有 N 个数据点,可以用 S_c 的绝对值的平均值来描述观测的自洽程度,其表达式为:

$$|\overline{S_c}| = \frac{1}{N}\sum_N |(S_1 + S_3) - (S_2 + S_4)| \tag{2-10}$$

当 $|\overline{S_c}| = 0$ 时观测完全自洽,当 $|\overline{S_c}|$ 比较大时观测值的自洽程度较低。

定义四分量钻孔应变观测的信度为:

$$C_{95} = 1 - \frac{|\overline{S_c}|}{\sum_{N_{95}} |S_a|} = 1 - \frac{\sum_{N_{95}} |(S_1 + S_3) - (S_2 + S_4)|}{\frac{1}{2}\sum_{N_{95}} |S_1 + S_3 + S_2 + S_4|} \tag{2-11}$$

其中:

$$S_a = \frac{1}{2}(S_1 + S_2 + S_3 + S_4) \tag{2-12}$$

C_{95} 和 N_{95} 的脚标表示去掉 5% 的坏点,用剩余的 95% 的数据来进行判断。当观测数据自洽时其信度接近于 1(Qiu et al.,2013)。

钻孔应变仪观测的是应变的变化量,因此自洽方程中的各项也是变化量。在实际观测中,钻孔应变仪与周围岩层耦合及仪器自身的原因会使各分量元件观测数据产生一定的漂移现象,也就是数据中的年趋势,$S_1 + S_3$ 和 $S_2 + S_4$ 在数值上是不相等的,但是两条曲线的形态是相同的,因此可以将自洽方程写成式(2-13)的形式。

$$S_1 + S_3 = k(S_2 + S_4) \tag{2-13}$$

式中　k——自洽系数,当 $k \geqslant 0.95$ 时,可认为数据满足自洽。

图 2-2 所示是姑咱台 2007 年和 2008 年两年的四分量钻孔应变分钟值数据。图 2-2 中 S_1、S_2、S_3、S_4 分别是钻孔应变数据的观测曲线,四条观测曲线各不相同,并且带有明显的漂

移现象。

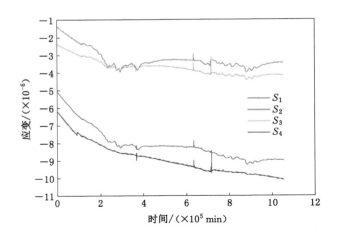

图 2-2　姑咱台四分量钻孔应变仪 2007 年到 2008 年分钟值数据

图 2-3 是 $S_1 + S_3$ 和 $S_2 + S_4$ 的曲线图,从该图中可以看出 $S_1 + S_3$ 和 $S_2 + S_4$ 的曲线形态基本相同,通过计算,两条曲线的相关系数高达 0.996 4,这说明 $S_1 + S_3$ 和 $S_2 + S_4$ 两条曲线的趋势几乎完全相同,满足自洽。

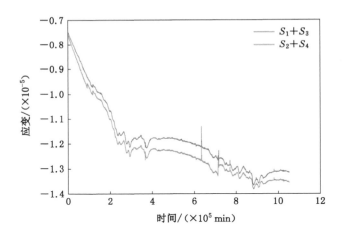

图 2-3　自洽方程中 $S_1 + S_3$ 和 $S_2 + S_4$ 的曲线图

到目前为止,在我国安装的 YRY-4 型四分量钻孔应变仪中绝大多数工作良好,数据自洽性良好,可见四分量钻孔应变观测具有很高的可靠性,为数据处理工作打下了坚实的基础。

平面应变状态只有三个独立分量,四分量钻孔应变仪有四个元件,记录了四组观测值。我国的四分量钻孔应变仪的探头相邻元件的夹角是 $45°$,当数据满足自洽方程时可将观测数据进行如下换算:

$$
\begin{cases}
S_{13} = S_1 - S_3 = \varepsilon_{\pi/4} \\
S_{24} = S_2 - S_4 = -\varepsilon_0 \\
S_a = (S_1 + S_2 + S_3 + S_4)/2
\end{cases}
\tag{2-14}
$$

四分量钻孔应变观测数据被换算成了三个间接观测值,我们将 (S_{13}, S_{24}, S_a) 称为替代观测值。

主应变-主方向坐标表示指直接计算主应变和主方向的表达式来构建坐标系,有着清楚的物理意义且其观测值有最直接的关系。现有观测值:

$$
\begin{cases}
S_1 = S_{\theta_1} = A(\varepsilon_1 + \varepsilon_2) + B(\varepsilon_1 - \varepsilon_2)\cos 2(\theta_1 - \varphi) \\
S_2 = S_{\theta_1+\pi/4} = A(\varepsilon_1 + \varepsilon_2) - B(\varepsilon_1 - \varepsilon_2)\sin 2(\theta_1 - \varphi) \\
S_3 = S_{\theta_1+\pi/2} = A(\varepsilon_1 + \varepsilon_2) - B(\varepsilon_1 - \varepsilon_2)\cos 2(\theta_1 - \varphi) \\
S_4 = S_{\theta_1+3\pi/4} = A(\varepsilon_1 + \varepsilon_2) + B(\varepsilon_1 - \varepsilon_2)\sin 2(\theta_1 - \varphi)
\end{cases}
\tag{2-15}
$$

式中　θ_1 ——S_1 的方位角。代入式(2-14)可得:

$$
\begin{cases}
S_{13} = 2B(\varepsilon_1 - \varepsilon_2)\cos 2(\theta_1 - \varphi) \\
S_{24} = -2B(\varepsilon_1 - \varepsilon_2)\sin 2(\theta_1 - \varphi) \\
S_a = 2A(\varepsilon_1 + \varepsilon_2)
\end{cases}
\tag{2-16}
$$

将 S_{13} 和 S_{24} 做平方和可得:

$$
\begin{cases}
\dfrac{1}{2B}\sqrt{S_{13}^2 + S_{24}^2} = \varepsilon_1 - \varepsilon_2 \\
\dfrac{1}{2A}S_a = \varepsilon_1 + \varepsilon_2
\end{cases}
\tag{2-17}
$$

将 S_{24} 和 S_{13} 相除可得:

$$
\frac{S_{24}}{S_{13}} = -\tan 2(\theta_1 - \varphi)
\tag{2-18}
$$

由式(2-17)和式(2-18)可得出主应变和主方向的表达式:

$$
\begin{cases}
\varepsilon_1 = \dfrac{1}{4A}S_a + \dfrac{1}{4B}\sqrt{S_{13}^2 + S_{24}^2} \\
\varepsilon_2 = \dfrac{1}{4A}S_a - \dfrac{1}{4B}\sqrt{S_{13}^2 + S_{24}^2} \\
\varphi = \dfrac{1}{2}\arctan\dfrac{S_{24}}{S_{13}} + \theta_1
\end{cases}
\tag{2-19}
$$

式中　ε_1 ——最大主应变;

　　　ε_2 ——最小主应变;

　　　φ ——应变主方向。

可换算成常规的地理坐标系的应变:

$$
\begin{cases}
\varepsilon_N = \dfrac{1}{4A}S_a + \dfrac{1}{4B}\sqrt{S_{13}^2 + S_{24}^2}\cos(-2\varphi) \\
\varepsilon_E = \dfrac{1}{4A}S_a - \dfrac{1}{4B}\sqrt{S_{13}^2 + S_{24}^2}\cos(-2\varphi) \\
\varepsilon_{NE} = -\dfrac{1}{4B}\sqrt{S_{13}^2 + S_{24}^2}\sin(-2\varphi)
\end{cases}
\tag{2-20}
$$

可用地理坐标系的应变计算主应变：

$$
\begin{cases}
\varepsilon_1 = \dfrac{1}{2}(\varepsilon_N + \varepsilon_E) + \sqrt{\varepsilon_{NE}^2 + \dfrac{(\varepsilon_N - \varepsilon_E)^2}{4}} \\[3mm]
\varepsilon_2 = \dfrac{1}{2}(\varepsilon_N + \varepsilon_E) - \sqrt{\varepsilon_{NE}^2 + \dfrac{(\varepsilon_N - \varepsilon_E)^2}{4}} \\[3mm]
\varphi = \dfrac{1}{2}\arctan\dfrac{2\varepsilon_{NE}}{\varepsilon_N - \varepsilon_E}
\end{cases}
\tag{2-21}
$$

这里需要注意的是，只有相同方向的应变变化才能进行差分和叠加，用地理坐标表示的应变是可以进行差分和叠加的（邱泽华,2017）。

2.3　小　　结

本书关注的是钻孔应变数据中异常特征的提取，因此在应变换算时采用 S_{13}、S_{24}、S_a 三个替代观测值就可以达到异常提取的目的。然而在进行异常特征提取的过程中需要分辨异常是否为地震引起的，这就需要对钻孔应变数据的影响因素进行了解，接下来本书将对钻孔应变数据的影响因素进行分析。

第3章　钻孔应变观测影响因素分析

3.1　应变固体潮影响分析

地球在日、月引潮力的作用下会产生周期形变现象,这种现象被称为固体潮(李启成,2011;陈文典,2014)。与利用海水的涨潮、落潮现象进行辨别不同,固体潮现象必须用高精度的仪器才能观测到。固体潮汐波的周期性变化十分复杂,除了主要的半日周期成分外还有 1/3 日、日波、半月、一月、半年、一年等周期变化。目前钻孔应变仪具有足够高的分辨率,可以非常清晰地记录到固体潮的变化。

进行应变固体潮分析的主要目的有:通过分析潮汐应变分量并对其去除,对得到的残差数据进行地震相关异常分析与提取;潮汐因子数据序列的异常可能与地震前兆有关,通过测量应变固体潮误差,分析并检查本台站的观测资料质量。当台站附近没有发生构造活动和地震活动时,潮汐应变观测误差可能缘自仪器的故障或抗干扰能力降低。

固体潮理论相当复杂,因此本书只针对应变固体潮进行阐述和分析。

3.1.1　理论应变固体潮

月亮和太阳对地球上一点 P 的起潮力位是外部作用,钻孔应变仪观测的是地球上一点 P 对这种外部作用的应变响应。假设将地球近似为一个径向不均匀的弹性地球模型,其变形参数只随地心到地球内一点的距离 r 变化,在任何一个水平面上都处处相同。地球模型的地理坐标系可由图 3-1 表示,这里用 θ 来代替纬度 φ:$\theta = 90° - \varphi$。

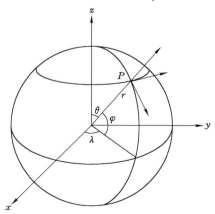

图 3-1　应变固体潮地理坐标系

在其地理坐标系中应变张量为:

$$\boldsymbol{\varepsilon} = \begin{bmatrix} \varepsilon_{\theta\theta} & \varepsilon_{\theta\lambda} & \varepsilon_{r\theta} \\ \varepsilon_{\theta\lambda} & \varepsilon_{\lambda\lambda} & \varepsilon_{\lambda r} \\ \varepsilon_{r\theta} & \varepsilon_{\lambda r} & \varepsilon_{rr} \end{bmatrix} \tag{3-1}$$

设潮汐位移矢量 S 在三个坐标轴方向的分量分别为 S_θ、S_λ 和 S_r，则传统对称线性弹性理论的应变-位移关系式为：

$$\begin{cases} \varepsilon_{\theta\theta} = \dfrac{\partial S_\theta}{r\partial\theta} + \dfrac{S_r}{r} \\[2mm] \varepsilon_{\lambda\lambda} = \dfrac{1}{r\sin\theta}\dfrac{\partial S_\lambda}{\partial\lambda} + \dfrac{S_r}{r} + \dfrac{S_\theta}{r}\cot\theta \\[2mm] \varepsilon_{rr} = \dfrac{\partial S_r}{\partial r} \\[2mm] \varepsilon_{\theta\lambda} = \dfrac{1}{2}\left(\dfrac{\partial S_\lambda}{r\partial\theta} + \dfrac{\partial S_\theta}{r\sin\theta\partial\lambda} - \dfrac{S_\lambda}{r}\cot\theta\right) \\[2mm] \varepsilon_{\lambda r} = \dfrac{1}{2}\left(\dfrac{\partial S_\lambda}{\partial r} + \dfrac{\partial S_r}{r\sin\theta\partial\lambda} - \dfrac{S_\lambda}{r}\right) \\[2mm] \varepsilon_{r\theta} = \dfrac{1}{2}\left(\dfrac{\partial S_\theta}{\partial r} + \dfrac{\partial S_r}{r\partial\theta} - \dfrac{S_\theta}{r}\right) \end{cases} \tag{3-2}$$

假设潮汐位移矢量是由第 n 阶起潮力位 W_n 造成的位移：

$$\begin{cases} S_{\theta n} = L_n(r)\dfrac{\partial W_n}{g\partial\theta} \\[2mm] S_{\lambda n} = L_n(r)\dfrac{\partial W_n}{g\sin\theta\partial\lambda} \\[2mm] S_{rn} = H_n(r)\dfrac{W_n}{g} \end{cases} \tag{3-3}$$

式中　　g ——平均重力加速度；

　　　　$L_n(r), H_n(r)$ —— n 阶勒夫数。

在地球表面附近，$r = R, R$ 为地球半径。

则有：

$$\begin{cases} l_n = L_n(R) \\ h_n = H_n(R) \end{cases} \tag{3-4}$$

目前的钻孔应变仪只能观测由起潮力位 W 引起的水平方向的三个应变分量。将式(3-2)、式(3-3)和式(3-4)联立运算就可得出地表附近三个水平应变分量，其表达式为：

$$\begin{cases} \varepsilon_{\theta\theta} = \dfrac{1}{Rg}\sum_n\left(h_n W_n + l_n\dfrac{\partial^2 W_n}{\partial\theta^2}\right) \\[2mm] \varepsilon_{\lambda\lambda} = \dfrac{1}{Rg}\sum_n\left(h_n W_n + l_n\cot\theta\dfrac{\partial W_n}{\partial\theta} + \dfrac{l_n}{\sin^2\theta}\dfrac{\partial^2 W_n}{\partial\lambda^2}\right) \\[2mm] \varepsilon_{\lambda\theta} = \dfrac{1}{Rg\sin\theta}\sum_n l_n\left(\dfrac{\partial^2 W_n}{\partial\theta\partial\lambda} - \cot\theta\dfrac{\partial W_n}{\partial\lambda}\right) \end{cases} \tag{3-5}$$

目前理论应变固体潮涉及二阶和三阶的起潮力位，有：

$$\begin{cases} W_2 = W_{m2} + W_{S2} \\ W_3 = W_{m3} \end{cases} \tag{3-6}$$

由式(3-5)以及勒夫数值就可以计算出理论固体潮,勒夫数值参见表 3-1(邱泽华, 2017)。

表 3-1 二阶和三阶的地表附近勒夫数值

阶数	h_n	l_n
2	0.611 4	0.083 2
3	0.291 3	0.014 5

理论固体潮可以使研究人员大致了解仪器安装地点的应变固体潮变化,从而判断数据的记录情况。

3.1.2 应变固体潮影响应变观测实例

李进武等对用钻孔应变仪观测的面应变潮汐因子进行了初步分析,利用钻孔应变面应变数据计算得到的姑咱台 M_2 波潮汐因子和标准差分别为 0.950 2 和 0.031,这两项指标都显示姑咱台钻孔应变仪可以很好地记录到固体潮现象,且观测到的固体潮数据质量很好。

为了更清晰地呈现应变固体潮对钻孔应变观测的影响,现以姑咱台钻孔应变数据为例进行分析。为了方便对比我们选取姑咱台 2007 年 1 月 1 日—5 日钻孔应变数据,通过应变换算和去除趋势漂移分量,得到去除线性漂移的面应变数据,计算了姑咱台的理论固体潮数据并与钻孔应变数据进行对比,结果如图 3-2 所示。图 3-2(a)所示为面应变曲线,图 3-2(b)所示为计算的理论固体潮曲线,可以看出两条曲线的变化趋势大致相同,对两条曲线进行了相关性分析,其相关系数为 0.75,具有很强的相关性。

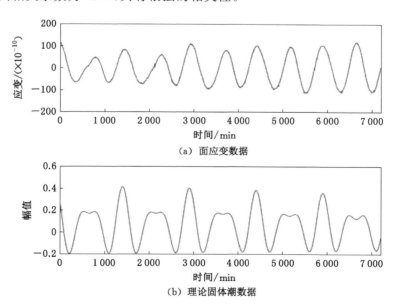

图 3-2 姑咱台 2007 年 1 月 1 日—5 日面应变数据与理论固体潮数据对比

进一步选取姑咱台 2007 年 1 月的数据进行频谱分析,其频谱如图 3-3 所示。由图 3-3 可以看出,钻孔应变面应变数据的主要频率与理论固体潮的频率分布几乎相同,其周期特性主要集中在受固体潮影响而产生的日波、半日波、1/3 日波变化上。

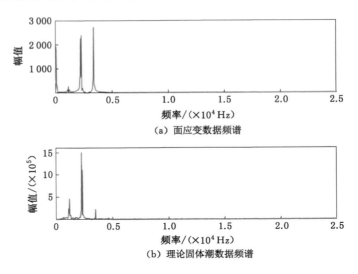

（a）面应变数据频谱

（b）理论固体潮数据频谱

图 3-3　姑咱台 2007 年 1 月面应变数据频谱与理论固体潮数据频谱对比

通过对比分析可知固体潮与钻孔应变观测呈现同步现象且具有很强的相关性；固体潮是影响钻孔应变观测 1/3 日波、半日波、日波等周期变化的主要因素。刘琦等采用 S 变换的方法对汶川地震前姑咱台钻孔应变数据进行了分析，首先对钻孔应变数据进行了滤波以去除固体潮产生的周期响应，反映地震前兆异常的信号疑似显露了出来。固体潮产生的周期响应在一定程度上会掩盖钻孔应变数据中的短周期异常，因此需要对固体潮响应进行去除。本书将在第 4 章对其进行仿真试验研究。

综上所述，应变固体潮的影响在钻孔应变数据中占据主导地位，主要体现在周期性变化方面，其极具周期性的特点，是进行分析和去除的有利切入点。

3.1.3　应变固体潮时频域特征分析

在频域中，应变固体潮响应属于相对低频的范围，并且其在频域的幅值很大，往往会掩盖一些由地壳运动引起的微弱异常。本节将详细研究钻孔应变数据中的应变固体潮对时频域的影响。

以姑咱台 2011 年 2 月的面应变数据为例。图 3-4 所示为经过应变换算得到的钻孔应变面应变数据。

对这段数据进行傅里叶变换求取其频谱，如图 3-5（a）所示。低频放大部分如图 3-5（b）所示，应变固体潮对钻孔应变观测频谱的影响体现在四个固体潮谐波周期上：24 小时、12 小时、8 小时、6 小时。从图 3-5（b）中可以看出，相对于 8 小时和 6 小时谐波来说，24 小时和 12 小时谐波的幅值很大，占据着主要影响部分。为了观察各谐波的影响，对此段数据进行 S 变换，其结果如图 3-6 所示。

由图 3-6 可知，应变固体潮响应在时频域中主要集中在相对低频的区域，而且其能量值很大，在一定程度上会掩盖一些高频信息，影响这些高频信息在时频域中的呈现。

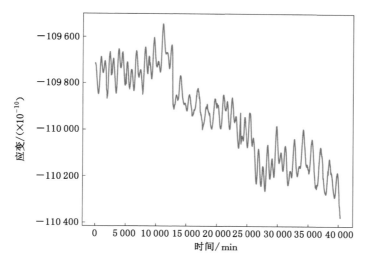

图 3-4　姑咱台 2011 年 2 月面应变曲线

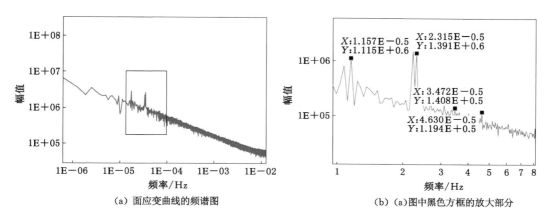

（a）面应变曲线的频谱图　　　　　　　　（b）（a）图中黑色方框的放大部分

图 3-5　姑咱台 2011 年 2 月面应变曲线对应的频谱图

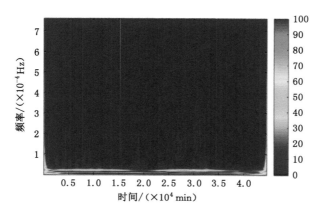

图 3-6　姑咱台钻孔应变 2011 年 2 月面应变曲线的 S 变换时频图

有多种方法可以对潮汐应变分量进行分析和去除,本书主要介绍其中常用的两种方法:调和分析方法和离散小波变换方法。

调和分析是以傅里叶级数展开为基础的,可以把观测值看成由不同谐波组成,设时刻 t 的某应变分量的观测值为 $Y(t)$,则有(朱凯光等,2018):

$$Y(t) = A_0 + \sum_{m=1}^{k} (a_j \cos mt + b_j \sin mt) \tag{3-7}$$

式中 A_0——总时间的直流分量;

  k—— m 的取值上限;

  a_j, b_j——权重因子,表示各次谐波对总序列的贡献。

采用傅里叶级数拟合的方法求取式(3-7)中的相关参数。用傅里叶级数曲线可以很好地拟合出钻孔应变数据的周期变化。

离散小波变换是连续小波的离散化形式,连续小波的定义为:

$$W_f(a, b) = \frac{1}{\sqrt{|a|}} \int_{-\infty}^{+\infty} f(t) \psi^* \left(\frac{t-b}{a} \right) dt \tag{3-8}$$

式中 $\psi(t)$——小波函数, $\psi^*(t)$ 与 $\psi(t)$ 互为共轭;

  a——尺度因子;

  b——平移因子。

离散小波变换是针对参数 a 和参数 b 的离散化,分别取 $a = a_0^j$, $b = ka_0^j b_0$,则式(3-8)可改写为:

$$W_f(a_0^j, ka_0^j b_0) = \frac{1}{\sqrt{|a_0^j|}} \int_{-\infty}^{+\infty} f(t) \psi^* \left(\frac{t - ka_0^j b_0}{a_0^j} \right) dt \tag{3-9}$$

廖盈春采用离散小波变换对重力仪、倾斜仪、地震计的观测资料进行了固体潮信号提取,证明了离散小波变换能够准确识别固体潮和不同频段的地动信息,有效抑制噪声。

然而,傅里叶级数曲线拟合的缺点是拟合阶数需要人为经验判定,拟合阶数选择不合理会导致固体潮谐波响应去除不完全,多次试验才能得到较为满意的效果,因此该方法多用于应变固体潮的大致去除;离散小波变换的缺点是去除应变固体潮的同时会去除一些异常信息和破坏异常形态。

3.2 气温变化影响分析

四分量钻孔应变仪由于其高精度的特点使其成为观测地壳变化的有力工具,但是精度高使得钻孔应变仪容易受到外界的干扰。气温变化就是其中一个干扰因素。

3.2.1 温度场变化的一维模型

气温变化会产生地层的热胀冷缩现象,进而对钻孔应变观测产生影响。我们用一维模型来近似描述气温变化对深部岩体温度场的影响。设 T_d 为温度, t 为时间, d 为深度,则一维温度场的变化表达式为:

$$\frac{\partial T_d}{\partial t} - \alpha \frac{\partial^2 T_d}{\partial d^2} = 0 \tag{3-10}$$

式中　　$\alpha = \dfrac{\lambda}{\rho c}$ 是扩散常数，λ 和 c 分别为热导率和比热。

当地面温度呈周期变化时，设地面温度：

$$T_s = \overline{T_s}\cos(\omega t - \varphi) \tag{3-11}$$

$$\omega = \frac{2\pi}{T_0}$$

式中　　$\overline{T_s}$——地面温度变化的幅值；

　　　　ω,φ——圆频率和初始相位；

　　　　T_0——周期。

则地下温度场可表示为：

$$T_d = \overline{T_s}\mathrm{e}^{-Kd}\cos(\omega t - Kd - \varphi) \tag{3-12}$$

式中　　$K = \sqrt{\dfrac{\omega}{2\alpha}}$；当 $d = 0$ 时，$T_d = T_s$。

由式（3-12）可知，当地表温度发生年变化时，其周期 $T_0 = 365 \times 24 \times 60 \times 60 \ \mathrm{s}$，此时圆频率 $\omega \approx 2.0 \times 10^{-7}/\mathrm{s}$。取扩散常数 $\alpha = 0.01 \ \mathrm{cm^2/s}$（傅承义等，1985），则深度为 40 m 的相位差约为 4π，也就是说，当地面温度发生年变化时需要两年时间才能使钻孔应变仪探头感应到。对钻孔应变观测来说，温度对其的影响主要表现在年变化上。杨少华等（2016）通过研究地表温度引起的地应力变化，得出地表温度变化是造成钻孔应变数据年周期变化的主要原因。

3.2.2　气温变化影响应变观测实例

地下应变场与温度场并非简单相似，热胀冷缩通常被假定为无时间延迟，是一种即时的弹性变化。探头附近的应变变化是不同深度的温度变化影响的叠加。地表温度年变化引起的地下温度的变化幅度虽然仍随深度呈指数衰减，但是地表温度年变化引起的水平应变幅度随深度的增大，其衰减的速度要缓慢得多，因此应变曲线与温度曲线的年变相似，但是相位会出现不同（杨少华等，2016）。图 3-7 给出的是高台地震台从 2010 年 1 月 1 日—2012 年 9 月 30 日的面应变 S_a 和气温 T 的分钟值观测曲线。

从图 3-7 中可以看出，高台的面应变和气温都有明显的年变化，三年的数据呈现出明显的三个周期。气温数据在每年的 6～8 月份（夏季）温度最高，每年的 12 月份到第二年的 1 月份（冬季）气温最低。由图中大致可以看出面应变数据与气温数据有相似的年变化，但是相位不同，温度相对面应变有较明显的滞后现象。钻孔面应变的变化与温度呈现负相关，这是因为当温度升高时，地层受到膨胀作用会使周围介质受压，使钻孔的截面积变小；反之，当温度降低时，地层受收缩作用使周围介质受拉，使钻孔截面积变大。邱泽华采用高台的钻孔应变日均值数据对气温的滞后时间进行了系统的分析和计算，得出高台的最小滞后时间为 100 天，并论证了钻孔应变观测的年变化主要受气温的影响。气温变化还会对钻孔应变数据产生和应变固体潮类似的周期性干扰。

综上所述，气温数据与钻孔应变面应变数据呈负相关关系且有滞后现象，气温变化对钻孔应变观测的影响主要体现在类似年变化的周期性干扰上。

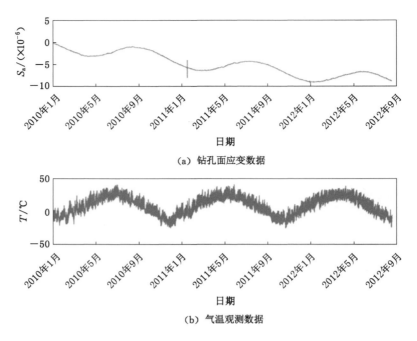

(a) 钻孔面应变数据

(b) 气温观测数据

图 3-7 高台地震台 2010—2012 年面应变数据和气温观测数据对比

3.3 气压变化影响分析

3.3.1 气压变化对应变观测的影响

气压是作用在地面上的一种载荷,其变化自然会使地层应变场发生变化。在应变观测中气压变化的干扰分为两种:一种是与应变固体潮相似的周期性干扰,是太阳和月球引力、太阳辐射等造成的气压潮汐变化;另一种是气压在无周期规律的移动和演变过程中产生的变化。

气压对面应变的影响系数为(邱泽华,2017):

$$k_P = -\frac{\Delta \varepsilon_a}{\Delta P} = -\frac{\Delta S_a}{2A\Delta P} \tag{3-13}$$

式中 ΔS_a ——面应变变化;

        A ——耦合系数;

        ΔP ——气压变化。

当气压增大时,其对地面的压力增大,钻孔面积变小;当气压减小时,其对地面的压力减小,钻孔的面积变大。因此,与气温变化影响不同的是,气压变化与钻孔应变变化是同步的,也就是说气压对钻孔应变观测的影响是即时的。气压变化的影响也是随着时间变化的。气压变化不仅在时域上影响观测数据,还对观测的频响效应产生影响,这也给数据处理带来了一定的困难。

3.3.2　气压变化影响应变观测实例

仍以高台地震台的数据为例,图 3-8 所示是高台地震台从 2010 年 1 月 1 日到 2012 年 9 月 30 日的面应变 S_a、气温 T 和气压 P 的分钟值观测曲线。由图 3-8 可以明显看出,气压变化的趋势呈现周期变化。与气温相比,虽然气压有同样的年变化,但是因为钻孔应变的年变化与气压的年变化不同步,所以认为钻孔应变观测的年变化主要是气温引起的。

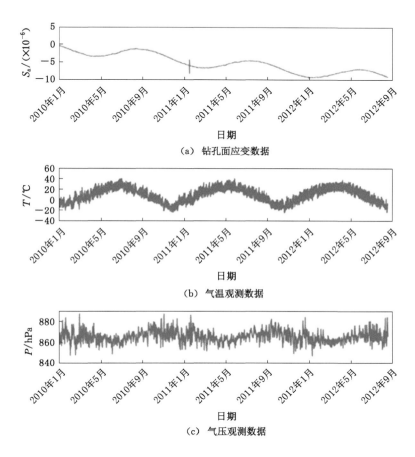

图 3-8　高台地震台 2010—2012 年钻孔面应变数据、气温观测
数据和气压观测数据对比

与气温数据的较为规则的变化特征不同的是,气压的变化更为复杂,选取姑咱台 2011 年 2 月的面应变数据和气压数据,并对其进行差分处理,结果如图 3-9 所示。在图 3-9 红色框中的气压差分数据出现了大量的高频成分,相对应地在面应变差分数据中也出现了高频成分。这充分体现了气压对钻孔应变观测的即时影响。由于气压变化对应变观测的影响量级比应变固体潮对应变观测的影响量级大,其非周期的变化会引起应变曲线的同步变化,如果应变观测数据中存在气压的影响,就难以真实反应地壳的自身变化。

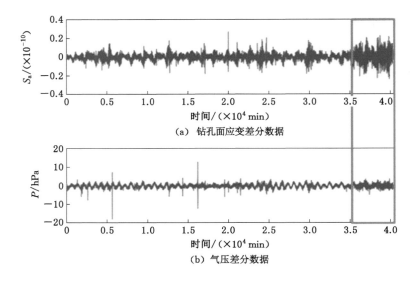

图 3-9　姑咱地震台 2011 年 2 月面应变差分数据和气压差分数据对比

综上所述,气压变化对钻孔应变观测的影响是即时的,因此其影响不仅体现在周期性变化影响上,气压非周期的变化也会使得应变观测曲线产生同步变化。

3.4　钻孔水位变化影响分析

水位对钻孔应变观测影响的本质是孔隙水压力的变化,即安装钻孔应变仪的钻孔附近某些含水层以及破碎带中液体压力发生的变化。本节分析了降雨对钻孔水位的影响和钻孔水位对应变观测影响的机理。

3.4.1　钻孔水位变化与降雨的关系

钻孔水位的变化主要受到地下水的影响,而地下水补给的主要方式是通过降雨的入渗。地下水位对降雨负荷快速响应的物理机制如下(周军学,2012):

(1)降雨冲击地表会产生荷重影响作用;

(2)水力传导系数反映了当地水文地质条件的情况,不同的地质条件也会影响降雨下渗速度的快慢,从而影响地下水位的上升速度;

(3)当地层受到压力挤压时,含水层的孔隙压力会增大,压力水头也随之增加,从而造成地下水位快速上升的现象;

(4)地质构造作用(如地震等)会使完整的地质构造发生局部破裂,使降雨产生的水分透过破碎的地质缝隙快速渗入地下,从而使地下水位上升。

降雨会使地下水位上升,对地下水位产生降雨载荷效应。当降雨量达到一定标准时,降雨载荷效应才会表现出降雨后水位立即上升、降雨停止后水位缓慢恢复到原变化基线水平的特征。降雨对钻孔应变观测的影响较为复杂,降雨载荷效应远不如固体潮、气压效应对钻孔应变数据的影响明显,而且地下水位可以有效表征降雨的特征,因此,在本节中，将不考虑降雨对钻孔应变观测所造成的影响，而是具体研究钻孔水位对钻孔应变观测的影响。

3.4.2　钻孔水位变化对应变观测的影响

钻孔水位会受到台站附近河流、湖泊和水库等水位涨落的影响（白金朋，2013），产生周期性的变化。钻孔水位对应变观测影响的本质就是孔隙水压力变化，图 3-10 所示解释了两种可能的钻孔水位上升模式及对钻孔的作用。

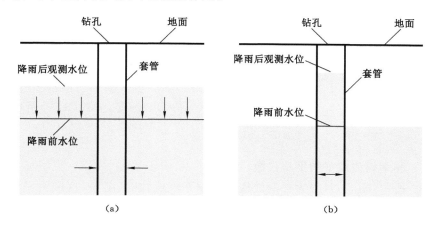

图 3-10　钻孔水位影响钻孔的两种模式

通常情况下钻孔水位变化与钻孔应变变化呈现负相关关系（刘琦等，2016）。如图 3-10 所示，模式（a）中钻孔水位与周围的地下水位保持一致，这种情况下钻孔会受到地层整体压力增大的作用，因此截面积变小；而模式（b）中雨水是从地面流入钻孔的，因此观测水位就比周围的地下水位高，此时钻孔受到其内部更多水体的压力，其截面积变大。因此，钻孔水位的变化也会对钻孔应变观测产生即时的影响。

钻孔水位观测也是前兆观测中的一个重要测项，其机理较为复杂，在本书中只把钻孔水位作为钻孔应变辅助观测进行研究，因此对其机理只做简单介绍。

3.5　钻孔应变数据影响因素的频域特征分析

钻孔应变仪在应变观测的过程中会受到周围环境的影响，其中包括应变固体潮、气温、气压、钻孔水位等因素。应变固体潮响应在钻孔应变数据中的时域特征较为明显，而气温、气压和钻孔水位等因素的响应时域特征不明显，难以在时域上直观地判断出来。

钻孔应变数据中应变固体潮谐波周期主要表现为 24 小时、12 小时、8 小时、6 小时。本节着重分析气温、气压和钻孔水位的频域特征。

采用加窗的傅里叶变换来进行频谱分析，设待分析信号为 $f(t)$，则其傅里叶变换为：

$$F(\mathrm{j}\omega) = \int_{-\infty}^{+\infty} f(t)\mathrm{e}^{-\mathrm{j}\omega t}\,\mathrm{d}t \tag{3-14}$$

设有窗函数 $g(t)$，窗函数的共轭函数为 $\overline{g}(t)$，采用窗函数的不同时移截取信号，则截取之后的信号为：

$$f_t(u) = \overline{g}(u-t)f(u) \tag{3-15}$$

截取后信号的傅里叶变换为：

$$\widetilde{f}(\omega,t) = \int_{-\infty}^{+\infty} \overline{g}(u-t)f(u)e^{2\pi j\omega u} du \tag{3-16}$$

采用高斯窗作为窗函数，这是因为高斯窗函数是一种平滑函数，可以有效避免频域的振荡并减少频谱能量的泄露。

对得到的频谱信号进行频点提取和统计，频点提取过程如下（以姑咱台站 2011 年 2 月的气压数据为例）：

首先对气压数据进行加窗傅里叶变换，将得到的频率幅值记为 P、频率记为 F；分别将频率的幅值 P 和频率 F 与其对应的位置信息 i 合并，得到新的频率幅值和频率序列：$\hat{P} = \{P(i),i\}$ 和 $\hat{F} = \{F(i),i\}$；对 $\hat{P}$ 进行平滑处理（冯卉等，2019），如式(3-17)所示：

$$\overline{P}(i) = \frac{1}{N}\sum_{n=0}^{N-1}\hat{P}_n(i) \tag{3-17}$$

式中　　N——频率幅值数据的平均次数。

如图 3-11 所示，图 3-11(a)为平滑处理前的频率幅值数据，图 3-11(b)为平滑处理后的频率幅值数据。

对平滑处理后的 $\overline{P}$ 进行极值计算，并提取极值大于频率幅值数据均值的频点。图 3-11(b)中红色直线表示的是频率幅值数据的均值，图中标出的极值点就是要提取的频点。按照极值点位置信息，在序列 $\hat{F} = \{F(i),i\}$ 中找到对应的频率，并换算成周期。

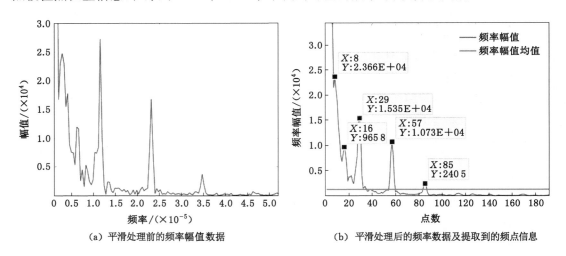

（a）平滑处理前的频率幅值数据　　　　　（b）平滑处理后的频率数据及提取到的频点信息

图 3-11　频率幅值数据平滑处理前后对比及提取到的频点图

采用此方法提取姑咱台站 2011 年每个月的气温数据的频点，并找到对应频率，统计气温数据的频率并换算成周期，结果如表 3-2 所示。

表 3-2　气温数据的周期统计

日期	1 月	2 月	3 月	4 月	5 月	6 月	7 月	8 月	9 月	10 月	11 月	12 月
周期 /h	24	24	24	24	24	24	24	24	24	24	24	24
	12	12	11.9	12	11.9	11.9	11.9	11.9	12	11.9	11.9	12
	8	8	8 h	8	8	8	8	8	8	8	8	8
	6	6	5.9	6			6.3	5.9	6.3	5.9	5.9	5.9
				3.9					4	4.8	4.8	3.4

　　表 3-2 显示气温数据的周期主要集中于 24 小时、12 小时、8 小时、6 小时和 4 小时,与昼夜交替现象产生的温度变化规律相符。

　　气压数据的周期统计见表 3-3。

表 3-3　气压数据的周期统计

日期	1 月	2 月	3 月	4 月	5 月	6 月	7 月	8 月	9 月	10 月	11 月	12 月
周期 /h	24	24	24	24	24	24	24	24	24	24	24	24
	12	12	11.9	12	12	12	11.9	11.9	12	11.9	11.9	12
	8	8	8	8			8		8	8	8	8
	5.9	6					5.9		6.3	5.9	5.9	5.9
	4	3.4								3.4	4	4

　　对气压数据进行同样的处理,由表 3-3 可知气压数据的周期与气温数据周期相似。由于气压与气温呈负相关关系,出现这种现象也是合理的。值得注意的是,气温和气压的数据呈现的周期与应变固体潮的一些谐波周期相近,从另一个角度说明了气温、气压数据可能受到应变固体潮的影响。

　　钻孔水位数据的周期统计如表 3-4 所示。

表 3-4　钻孔水位数据的周期统计

日期	1 月	2 月	3 月	4 月	5 月	6 月	7 月	8 月	9 月	10 月	11 月	12 月
周期 /h	35.1	21.6	24	48.0	148.2	180.0	124	148.8	120.0	26.6	24.0	23.2
	24.0	11.7	11.9	37.4	92.1	37	53.1	82.7	72.0	12.2	11.9	12.6
	14.8	7.9	8.0	31.3	67.5	30	39.2	62.0	45.0	8.0	8.1	8.7
		5.9		26.1	30.3	24		37.2	36.0	6.0		
				12.0	23.1				27.7			
				8.0								

　　由表 3-4 可知,1 月到 4 月和 10 月到 12 月,钻孔水位数据的周期集中在 8 小时到 48 小时之间,而 5 月到 9 月的钻孔水位数据的周期集中在 24 小时到 180 小时之间。在 5 月到 9 月期间姑咱台附近的大渡河正值大幅度涨落的时期,导致了姑咱台钻孔水位数据呈现出与其他时间不同的周期(邱泽华等,2015)。因此,姑咱台钻孔水位数据的周期特征中包含了大

渡河对钻孔应变观测的影响。

综合表 3-2、表 3-3 和表 3-4 可知,气温数据和气压数据的周期主要集中于 24 小时、12 小时、8 小时、6 小时和 4 小时,钻孔水位数据的主要周期范围为 8 小时到 180 小时。影响因素的频域特征为后文钻孔应变数据影响因素分解去除提供了参考。

3.6 其他影响因素

钻孔应变仪在观测过程中除了受到自然因素的影响外,还会受到其他因素的干扰,其中主要包括以下几种:

1. 仪器工作状态影响

在钻孔应变仪运行的过程中,不可避免地会出现仪器故障、仪器维护、人为调零和断电等情况,这些情况也会在钻孔应变数据中有所体现(阳光等,2015)。以下以姑咱台钻孔应变数据为例给出仪器工作状态影响实例。

图 3-12 所示是姑咱台钻孔应变北南分量 2012 年 3 月 29 日分钟值数据。为了保证仪器精度指标不受影响,工作人员会在观测数据变化幅度超过一定范围时进行人为调零的操作,这种操作会使各分量曲线出现凸跳和阶跃的现象,图 3-12 中黑色圆圈中的数据就是仪器调零造成的。

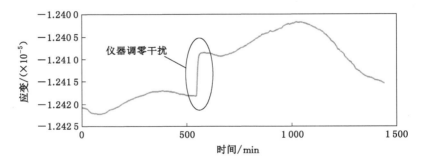

图 3-12 姑咱台钻孔应变北南分量 2012 年 3 月 29 日分钟值数据

在实测数据处理中,由数据采集故障(如图 3-13 所示)造成的异常与地壳活动造成的应变异常十分相似,无法进行直接的辨认,需要通过日志来判断。对钻孔应变观测过程中停电、仪器故障等产生的干扰进行剔除会造成不同程度的数据缺失。当对观测数据进行分析时,一般的计算方法都要求数据序列连续完整(张聪聪,2015)。针对缺失的数据可以采用 ARMA(自回归移动平均)、三次样条插值等方法进行预处理(武艳强等,2004),从而保证数据的完整性。

2. 观测环境干扰的影响

在钻孔应变观测的过程中,仪器探头在钻孔中耦合状态的变化以及钻孔施工后四周岩体力学状态的缓慢变化,会造成仪器读数出现长年趋势性漂移变化,这种长周期变化也有可能来自探头本身的长期缓慢变形和气温变化。这种漂移是各种长期观测都存在的现象,而这部分并不反映被观测对象的真实情况,而是反映了观测系统本身的缓慢变化。

对于钻孔应变观测影响更大的是探头和钻孔周围介质的耦合情况的变化。钻孔应变仪

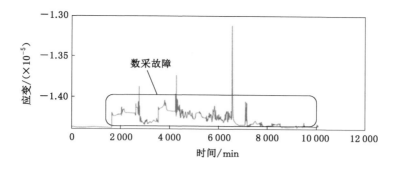

图 3-13　姑咱台钻孔应变北南分量 2014 年 2 月 9—16 日分钟值数据

是与特制的水泥耦合在一起的,水泥在逐渐固结的过程中体积会增大,对探头造成挤压,在钻孔应变观测数据中表现出的是应变曲线逐渐下降。

　　姑咱台钻孔应变仪安装于 2006 年 10 月 28 日,图 3-14 所示是姑咱台 2006 年 11 月到 2007 年 12 月的钻孔应变面应变曲线。

图 3-14　姑咱台 2006 年 11 月到 2007 年 12 月钻孔应变面应变曲线

　　由图 3-14 可知,从 2006 年 11 月到 2007 年 5 月间钻孔应变面应变曲线呈现出衰减现象,2007 年 6 月之后呈现出稳定的趋势,这种现象可以看作一种探头与水泥耦合的过程,在水泥逐渐固化的过程中,其应力状态与周围岩石的应力状态会进行不断的调整最终达到平衡。这种漂移现象只会在钻孔应变仪安装的初期出现。还有一种漂移是仪器自身的独立变化产生的,与被测对象无关,这种漂移现象会一直出现在钻孔应变仪观测的整个过程中,并不排除长年的趋势性漂移现象与地壳的变化有关。

　　钻孔应变仪大多安装于人烟稀少的地方,尽量避免环境的干扰,但是随着经济建设的快速发展,大量的施工在所难免,这在一定程度上对钻孔应变观测造成了干扰。台站附近的河流水位(或流量)的变化也是钻孔应变观测的干扰源之一,以姑咱台为例,如图 3-15 所示,姑咱台钻孔应变观测明显受到大渡河流量变化的影响。

　　如图 3-15 所示,图中黑色框内是受到大渡河流量变化影响的数据部分。每年的 6—9 月,大渡河水位大幅度涨落,相应时间段的钻孔应变观测曲线同步反向大幅度涨落。邱泽华等的

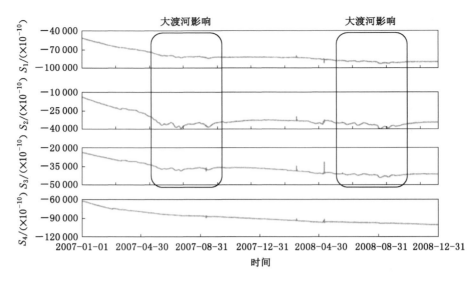

图 3-15　姑咱台钻孔应变四分量 2007—2008 年分钟值数据

研究也验证了这期间的钻孔应变观测曲线变化是大渡河水位变化引起的。值得注意的是大渡河水位的变化对第四元件的观测值 S_4 的影响不大,这是因为大渡河对两岸的压力是垂直于河道的,而第四元件的方位与大渡河的流向是平行的(张宁等,2008)。

在进行地震相关异常提取时,对于提取到的异常要进行充分判断,结合台站日志和台站附近环境的情况来进行合理的排除,避免将仪器观测环境的影响视为地震相关异常,造成错误的判断。

3. 噪声影响

钻孔应变观测过程也可能受到许多自然源的噪声影响,与地震相关的微弱信号有可能被淹没在噪声中,高斯噪声便是其中最常见的。除常用抑制噪声的方法外,对高斯噪声的抑制方法常采用数理统计方法。本书采用数据分解的方法对高斯噪声进行判断去除。

3.7　小　　结

本章介绍了钻孔应变观测的原理,并对四分量钻孔应变观测的自洽方程和应变换算进行了理论推导;详细阐述了理论应变固体潮的原理,并通过时域和频域的分析指出应变固体潮对钻孔应变观测的影响主要体现在周期性变化方面;通过分析气温变化对深部岩石温度场的影响和实例分析得出气温对钻孔应变观测的影响主要体现在年变化上的结论;通过分析气压变化对钻孔应变观测的影响机理及实例分析得出,气压变化对钻孔应变观测的影响是即时的,其影响不仅体现在周期性变化影响上,气压非周期性的变化也会使应变观测曲线产生同步变化;通过分析钻孔水位与降雨的关系以及钻孔水位变化对钻孔应变观测的影响得出,钻孔水位对钻孔应变观测的影响也是即时的。

本章对钻孔应变观测影响因素的分析为后文提取与地震相关的异常提供了理论基础和判断依据。

第 4 章　基于最小噪声分离的应变固体潮去除方法

4.1　基于最小噪声分离的应变固体潮去除

最小噪声分离(MNF),即利用噪声协方差及数据协方差确定旋转矩阵,通过旋转矩阵将含噪数据变换为按照信噪比大小顺序排列的 MNF 成分,再利用信噪比高的 MNF 成分重构数据,提取数据中占据主导地位的信号,进而去除噪声(朱凯光等,2016)。应变固体潮的影响在钻孔应变数据中占据主导地位,其产生的谐波有着特定的频率,本章将采用最小噪声分离的方法对钻孔应变数据中应变固体潮的影响进行去除。

4.1.1　最小噪声分离变换

最小噪声分离变换本质上是两次层叠的主成分变换。第一次主成分变换主要用于调节数据中的噪声。第二次是对噪声白化数据的标准主成分做变换,通过对比观察最终特征值和相关数据的特性来判定数据的内在维数。最小噪声分离的基本原理如下:

① 第一步,进行噪声估计;对原始数据进行滤波处理估计噪声,并求取噪声协方差矩阵 C_N,对其进行对角化得到矩阵 D_N,即:

$$D_N = U^T C_N U \tag{4-1}$$

式中　U ——由特征向量组成的正交矩阵。

进一步变换公式得:

$$\begin{cases} I = P^T C_N P \\ P = U D_N^{-1/2} \end{cases} \tag{4-2}$$

式中　I ——单位矩阵;

　　　P ——变换矩阵。

② 第二步,对噪声信号进行主成分变换,其公式为:

$$C_M = P^T C_D P \tag{4-3}$$

式中　C_D ——原始数据的协方差矩阵;

　　　C_M ——经过 P 变换后的协方差矩阵。

通过对角化可得到:

$$D_M = V^T C_M V \tag{4-4}$$

式中　D_M —— C_M 的对角矩阵;

　　　V ——由特征向量组成的正交矩阵。

则 MNF 变换矩阵 $R_{MNF} = PV$。原始数据经 R_{MNF}^T 进行线性变换,便得到了 MNF 成分。此处 MNF 成分是按信噪比递减的顺序排列的。

最小噪声分离方法可广泛应用于许多领域进行噪声去除,而这些"噪声"通常指的是"高频信号"。而本章将信号与噪声互置,提出了基于最小噪声分离的钻孔应变数据应变固体潮的去除方法。钻孔应变观测数据中非固体潮信号相对于应变固体潮响应是高频信号,本书将钻孔应变数据中的"高频信号"视为"信号",将应变固体潮视为"噪声"。本章将用"高频信号"来表示钻孔应变数据中非固体潮的信号。

利用最小噪声分离的方法可以有效地提取钻孔应变数据中的应变固体潮响应,然后将提取到的应变固体潮响应从钻孔应变观测数据中去除。基于最小噪声分离的钻孔应变数据应变固体潮去除方法的流程如图 4-1 所示。

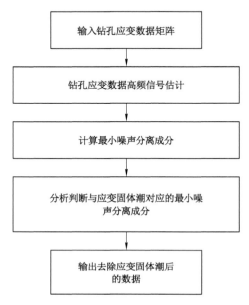

图 4-1　基于最小噪声分离的钻孔应变数据应变固体潮去除方法的流程

4.1.2　钻孔应变数据的高频信号估计

在最小噪声分离算法中,高频信号估计的准确程度关系到提取结果的精确程度。钻孔应变数据的高频信号估计的具体步骤如下:

首先选取一组钻孔应变分钟值数据,将钻孔应变数据按照时间序列表示为:$X_1 = [X_1(1), X_1(2), \cdots, X_1(1\ 440)], \cdots, X_n = [X_n(1), X_n(2), \cdots, X_n(1\ 440)]$,得到样本矩阵 $\boldsymbol{Y} = [X_1, X_2, X_3, \cdots, X_n]^{\mathrm{T}}$,样本矩阵 $\boldsymbol{Y}(n \times 1\ 440)$ 的表达式为:

$$\boldsymbol{Y} = \begin{bmatrix} Z_1(1) & \cdots & Z_1(1\ 440) \\ \vdots & \ddots & \vdots \\ Z_n(1) & \cdots & Z_n(1\ 440) \end{bmatrix} \tag{4-5}$$

将制作好的样本矩阵 $\boldsymbol{Y}(n \times 1\ 440)$ 经过自适应窗宽滤波器进行滤波,估计出样本矩阵中的高频信号。自适应窗宽滤波器可以根据数据的局部特征自适应地改变窗宽进行滤波,不仅能够提取钻孔应变数据中的高频信号而且能保证数据中异常信号的幅值。自适应窗宽滤波器的表达式如下(李玥,2016):

$$O(j) = \frac{1}{W(j)} \sum_{i=\left[-\frac{W(j)}{2}\right]}^{\left[\frac{W(j)}{2}\right]} Y(j - i) \tag{4-6}$$

式中　　$O(j)$——滤波后数据；

　　　　$Y(j-i)$——输入的样本数据；

　　　　$W(j)$——自适应窗宽，其表达式如下：

$$W(j) = W_U - (W_U - W_L)(\frac{|\Delta(j)|}{\Delta_r} - \frac{1}{2})$$
(4-7)

式中　　W_L——可选择的最小窗宽；

　　　　W_U——可选择的最大窗宽；

　　　　$\Delta(j)$——样本矩阵 $Y(n \times 1\,440)$ 的二阶差分；

　　　　Δ_r——二阶差分的阈值。

则估计的高频信号为：

$$H(n \times 1\,440) = Y(n \times 1\,440) - O(n \times 1\,440)$$
(4-8)

式中　　$H(n \times 1\,440)$——估计的高频信号；

　　　　$Y(n \times 1\,440), O(n \times 1\,440)$——自适应窗宽滤波后的数据。

　　自适应窗宽滤波的最小窗宽 W_L 和最大窗宽 W_U 的选择关系到高频信号估计的准确程度。前文说到应变固体潮对于钻孔应变观测频谱的影响体现在四个固体潮谐波周期：24 小时、12 小时、8 小时、6 小时。自适应窗宽滤波的最大窗宽应不大于 6 小时周期，即 360 个点（分钟值数据）；最小窗宽应大于或等于 2 个点。本书选择的最大窗宽 W_U 为 181 个点，最小窗宽 W_L 为 3 个点。

4.1.3　最小噪声分离成分的计算

　　将经过自适应窗宽滤波得到的高频信号作为估计的高频信号，用于求取钻孔应变观测信号的最小噪声分离成分，具体过程如下：

　　首先计算式(4-8)中估计的高频信号 $H(n \times 1\,440)$ 的协方差矩阵 $C_H(n \times n)$，协方差矩阵 $C_H(n \times n)$ 中的元素 γ_{pq} 可由式(3-9)计算得到：

$$\gamma_{pq} = 1/[(N-1) \sum_{i-1}^{N} (x_p^i - \overline{X}_p)(x_q^i - \overline{X}_q)]$$
(4-9)

式中　　x_p^i, x_q^i——第 i 行的第 p 和第 q 分钟数据；

　　　　$\overline{X}_p, \overline{X}_q$—— N 行数据的第 p 和第 q 分钟数据的均值。

　　然后对计算出的协方差矩阵 $C_H(n \times n)$ 进行特征值分解，表达式如下：

$$C_H = R_H D_H R_H^T$$
(4-10)

式中　　D_H——特征值按照降序排列的对角矩阵；

　　　　R_H——特征值对角矩阵对应的特征向量矩阵；

　　　　T——矩阵的转置。

　　利用估计的高频信号 $H(n \times 1\,440)$ 的协方差矩阵 $C_H(n \times n)$ 来构造调整矩阵 P，使得调整矩阵满足 $P^T C_H P = E$，其中 E 为单位矩阵，则调整矩阵的表达式如下：

$$P = R_H D_H^{-\frac{1}{2}}$$
(4-11)

式中　　D_H——特征值按照降序排列的对角矩阵；

　　　　R_H——特征值对角矩阵对应的特征向量矩阵。

　　利用构造的调整矩阵 P 对钻孔应变数据样本矩阵的协方差矩阵 $C_Y(n \times n)$ 进行调整，

其表达式为：$C_P = P^T C_Y P$，其中 $C_P(n \times n)$ 为调整后的钻孔应变数据样本矩阵的协方差矩阵。

对调整后的钻孔应变数据样本矩阵的协方差矩阵 $C_P(n \times n)$ 做特征值分解，其表达式为：

$$C_P = V_P D_P V_P^T \tag{4-12}$$

式中　D_P——调整后的钻孔应变数据样本矩阵的协方差矩阵的特征值按照降序排列的对角阵；

　　　V_P——调整后的钻孔应变数据样本矩阵的协方差矩阵的特征值对应的特征向量矩阵，最小噪声分离的变换矩阵 R 可表示为：$R = P V_P$，其中 P 为调整矩阵，最小噪声分离变换成分所构成的矩阵 ψ 可表示为：

$$\psi = YR = Y(P V_P) = [\psi_1, \psi_2, \cdots, \psi_n], n = 1, 2, \cdots, k \tag{4-13}$$

式中　Y——钻孔应变数据样本矩阵；

　　　$\psi_1, \psi_2, \cdots, \psi_n$——最小噪声分离成分。

4.1.4　应变固体潮的分析判断及去除

最小噪声分离成分中包含着数据不同的信息，应变固体潮响应在钻孔应变数据的频域中呈现出明显的周期效应，因此本书利用傅里叶变换求取各最小噪声分离成分的谐波周期，其计算公式如下：

$$\psi(\omega) = \int_{-\infty}^{+\infty} \psi_n(t) e^{-j\omega t} dt \quad n = 1, 2, \cdots, k \tag{4-14}$$

式中　$\psi_n(t)$——最小噪声分离成分；

　　　$\psi(\omega)$——最小噪声分离成分的谐波周期。

选取谐波周期与潮汐应变分量的谐波周期相对应的 k 个最小噪声分离成分进行重构，重构后的数据表达式如下：

$$Y_{MNF} = \psi R^{-1} = [\psi_1, \psi_2, \cdots, \psi_k, 0, 0, \cdots, 0] R^{-1}, 1 \leqslant k \leqslant n \tag{4-15}$$

利用钻孔应变数据样本矩阵 $Y(n \times 1\,440)$ 与最小噪声分离变换重构后的数据矩阵 $Y_{MNF}(n \times 1\,440)$ 求去除应变固体潮响应的数据 $Y_S(n \times 1\,440)$，其表达式如下：

$$Y_S = Y - Y_{MNF} \tag{4-16}$$

其中，$Y(n \times 1\,440)$ 是钻孔应变数据样本矩阵，$Y_{MNF}(n \times 1\,440)$ 是最小噪声分离变换重构后的数据矩阵。$Y_S(n \times 1\,440)$ 就是去除了应变固体潮响应的钻孔应变数据。

4.2　仿真实验

本节设计了包含理论固体潮信号和真实钻孔应变数据高频信号的混合信号，通过应变固体潮去除仿真实验来测试基于最小噪声分离的应变固体潮去除方法的有效性，并通过对比离散小波变换方法来说明基于最小噪声分离的应变固体潮去除方法的优势。

时频分析在时变非平稳信号处理中具有明显优势，因此也被广泛应用于异常检测领域（张宁等，2008）。在钻孔应变异常提取方面，刘琦等采用 S 变换方法，对姑咱台四分量钻孔应变观测曲线中出现的异常信号进行分析，发现了汶川地震前出现了大量钻孔应变异常（刘琦等,2011)。邱泽华等用小波分解和改进的超限率分析方法,对姑咱台汶川地震前异常变化进行了提取(邱泽华等,2012)。张维辰等使用时域分段的小波变换方法对姑咱台的钻孔应变数据进行了时频分析,并在局部时频谱中提取了应变异常,分析了各应变异常的频率相关性,推测四分量钻孔应变仪所记录到的两种不同程度的应变畸变信号的演化过程可能与芦山 Ms7.0 地震相关(张维辰等,2019)。S 变换是小波变换的延伸,可以自适应地调节时频分辨率。S 变换原理如下(余兰,2014):

信号 $x(t)$ 的 S 变换定义为:

$$S(\tau, f) = \int_{-\infty}^{+\infty} x(t) \omega(\tau - t, \sigma) \exp(-\mathrm{j}2\pi ft) \mathrm{d}t \tag{4-17}$$

式中　τ —— t 时间轴上控制窗函数的位置参数;

　　　f —— 频率;

　　　σ —— 调节因子。

$$\omega(t, \sigma) = \frac{1}{\sigma\sqrt{2\pi}} \mathrm{e}^{-\frac{t^2}{2\sigma^2}} \tag{4-18}$$

$$\sigma(f) = \frac{1}{|f|} \tag{4-19}$$

式中　$\omega(t, \sigma)$ ——S 变换的窗函数。

将式(4-19)代入式(4-18)可得:

$$\omega(t, f) = \frac{|f|}{\sqrt{2\pi}} \mathrm{e}^{-\frac{t^2 f^2}{2}} \tag{4-20}$$

可以看出窗函数仅受到频率因子的调节。最后将式(4-20)代入式(4-17)可得:

$$S(\tau, f) = \int_{-\infty}^{+\infty} x(t) \left\{ \frac{|f|}{\sqrt{2\pi}} \mathrm{e}^{-\frac{(\tau-t)^2 f^2}{2}} \mathrm{e}^{-\mathrm{j}2\pi ft} \right\} \mathrm{d}t \tag{4-21}$$

S 变换综合了短时傅里叶变换(Short-Time Fourier Transform,STFT)和连续小波变换的优点。本节将采用 S 变换的方法进行时频分析。

4.2.1　应变固体潮对异常信号时频特征的影响

混合信号由理论固体潮数据和真实钻孔应变观测数据的高频信号组成。理论固体潮数据由 EIS2000 地震前兆信息处理软件系统(蒋骏等,2000)生成,数据长度为 $50 \times 1\,440$;真实钻孔应变高频信号是钻孔应变数据中的异常数据与高斯信号混合而成,数据长度同样是 $50 \times 1\,440$。

图 4-2 所示是理论固体潮数据曲线图及其对应的 S 变换时频分析图,从该图中可以看到 S 变换可以将理论固体潮的周期特性清晰地表现出来,并且具有很高的分辨率。

图 4-3 是真实钻孔应变观测高频信号及其对应的 S 变换时频分析图,可以看到 S 变换可以清晰地表达异常的位置及能量的大小,异常的细节特征也十分明显。

为了确定仿真信号的混合比例,对钻孔应变数据的幅值与理论固体潮数据的幅值进行了对比,首先采用差分方法去除数据中的漂移趋势,然后将两种数据的幅值进行对比,其结果如图 4-4 所示。由图 4-4 可知,钻孔应变差分数据的幅值是理论固体潮差分数据幅值的 $1\,000$ 倍,因此本书设计的混合信号的混合比例为 $1\,000 : 1$,即混合信号＝理论固体潮$\times 1\,000 +$高频信号。

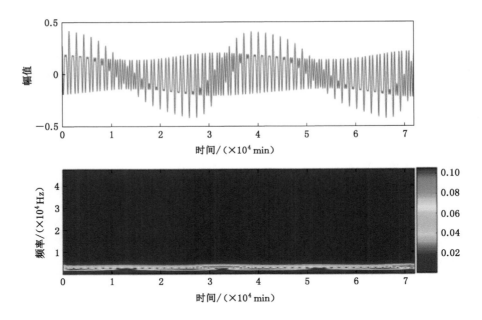

图 4-2　理论固体潮数据及其对应的 S 变换时频分析图

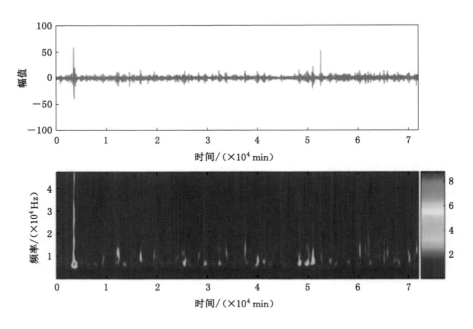

图 4-3　真实钻孔应变观测高频信号及其对应的 S 变换时频分析图

　　图 4-5 为混合后的信号。在图 4-5(a)中,由于理论固体潮的幅值较大,在时域曲线上已经难以辨别钻孔应变数据异常,只有将曲线放大才会发现异常,这些异常并没有严重改变固体潮的形态,在实际观测中,这种异常是难以识别出来的。

　　进一步对混合信号进行 S 变换,研究其在时域中的表现。图 4-6 所示是混合信号的 S

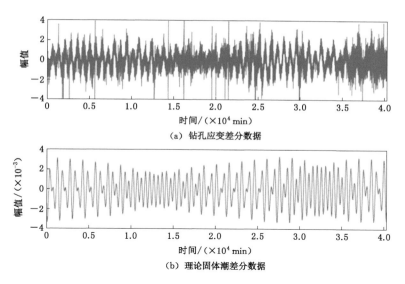

（a）钻孔应变差分数据

（b）理论固体潮差分数据

图 4-4 钻孔应变差分数据与理论固体潮差分数据对比

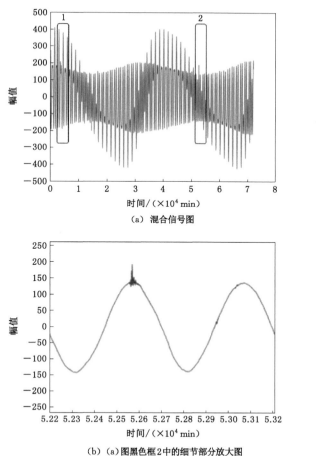

（a）混合信号图

（b）(a)图黑色框2中的细节部分放大图

图 4-5 混合信号及细节部分放大图

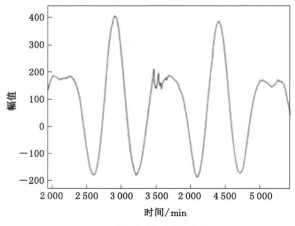

（c）（a）图黑色框1中的细节部分放大图

图 4-5（续）

变换时频分析图,可以看出主要的能量集中在相对低频的位置,与图 4-2 中的固体潮 S 变换结果几乎相同,经计算发现其频率对应着理论固体潮的频率,黑框中的钻孔应变异常已经完全淹没在理论固体潮的周期信号中,从时频图中几乎无法识别。由此可看出固体潮对钻孔应变异常的掩盖明显,严重影响了对异常的识别和判断,因此对应变固体潮的去除是十分必要的。

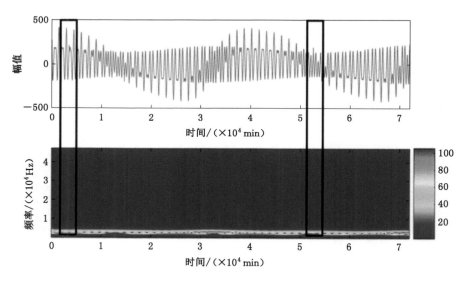

图 4-6　混合信号的 S 变换时频分析图

4.2.2　应变固体潮去除结果的分析与对比

（1）最小噪声分离方法

本节采用最小噪声分离方法对混合信号进行了处理和分析,具体步骤如下:

　　首先采用自适应窗宽滤波对混合信号进行高频信号估计,最大窗宽采用 181 min,最小窗宽采用 3 min。

　　图 4-7 所示为估计的高频信号。如图 4-7 所示,对比图 4-3 可以看出估计的高频信号与真实的高频信号的差距不大,自适应窗宽滤波能够将较明显的异常较好地提取出来,然而在对滤波后的数据进行放大后,可以发现数据中仍然保留一部分固体潮影响,这说明传统的滤波方法难以将钻孔应变数据中的非固体潮信号提取出来,也可以说钻孔应变数据中应变固体潮影响了滤波对高频信号的直接提取。

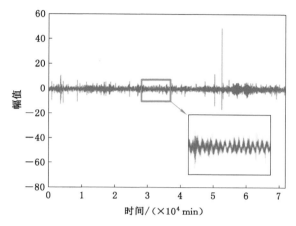

图 4-7　自适应窗宽滤波估计的高频信号

　　其次制作样本矩阵并将滤波得到的高频信号作为估计的信号进行最小噪声分离成分计算。计算出的最小噪声分离成分曲线如图 4-8 所示。由图 4-8 可以看出,周期类信号占据着主要的部分。

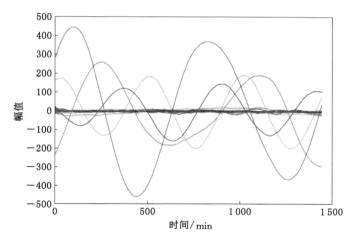

图 4-8　计算出的最小噪声分离成分曲线

　　计算最小噪声分离各成分的频谱,根据应变固体潮周期特点,找出最小噪声分离成分中对应着应变固体潮的分量。需要说明的是,由于分解出的最小噪声分离成分有 50 个,因此没有在图中一一标注出来。经过计算发现前九个最小噪声分离成分与应变固体潮的频率周期相对应,其结果如表 4-1 所示。

表 4-1 最小噪声分离前九个成分对应的固体潮谐波

最小噪声分离成分	主频/Hz	频率周期	对应的固体潮谐波
第一成分	1.157×10^{-5}	24 h	日波
第二成分	2.315×10^{-5}	12 h	半日波
第三成分	2.343×10^{-5}	12 h	半日波
第四成分	1.153×10^{-5}	24 h	日波
第五成分	3.486×10^{-5}	8 h	1/3 日波
第六成分	3.565×10^{-5}	8 h	1/3 日波
第七成分	3.658×10^{-5}	8 h	1/3 日波
第八成分	4.565×10^{-5}	6 h	1/4 日波
第九成分	4.653×10^{-5}	6 h	1/4 日波

将表 4-1 中的九个最小噪声分离成分置零,余下的成分进行重构得到去除固体潮后的高频信号,将得到的高频信号与真实钻孔应变数据高频信号进行对比,如图 4-9 所示。

图 4-9(a)中蓝色曲线是钻孔应变数据真实高频信号,红色曲线是用最小噪声分离方法提取到的高频信号,可以看出钻孔应变数据真实高频信号与提取到的高频信号基本重合,而且在幅值上差距不大。图 4-9(b)和图 4-9(c)是图 4-9(a)中黑色框区域的放大数据,可以看出,提取到的高频信号很好地保留了钻孔应变数据真实高频信号的波形形态,尤其是在较大异常处呈现几乎重合的现象,而且很好地保留了幅值特性。

(2) 与离散小波变换方法的对比

为了进一步测试基于最小噪声分离的钻孔应变数据应变固体潮去除方法的性能,将其与离散小波变换进行对比,如图 4-10 所示。离散小波变换的小波基为"db4",分解层数为 5 层。图中蓝色曲线是钻孔应变数据真实高频信号,红色曲线是离散小波变换后得到的高频信号,可以看出用离散小波变换提取到的高频信号丢失了大量幅值信息,而且不能很好地保留异常的形态,与钻孔应变数据真实高频信号相差较大。

为了更清晰地表现真实高频信号、离散小波变换去除固体潮响应后得到的高频信号和用最小噪声分离方法得到的高频信号的特征,分别采用 S 变换对其进行分析。图 4-11(a)为钻孔应变数据真实高频信号,图 4-11(b)为用离散小波变换提取到的高频信号,图 4-11(c)为用最小噪声分离方法提取到的高频信号。从图 4-11 中可以清晰看出,离散小波变换方法和最小噪声分离方法都有效去除了应变固体潮的影响,但是与离散小波变换方法相比,最小噪声分离方法可以很好地保留异常响应;并且由彩条的范围可以看出,用最小噪声分离方法提取到的异常可以很好地保留异常的能量特征,经过计算,异常处用最小噪声分离方法提取到异常的能量可达真实异常能量的 92%。

由混合信号实验结果可以得出,基于最小噪声分离的钻孔应变数据应变固体潮去除方法在钻孔应变数据应变固体潮提取研究中有着明显的优势,不仅能够有效地去除固体潮响应,而且能够很好地保留异常的形态和能量。接下来本章将把该方法应用到实际的震例中,

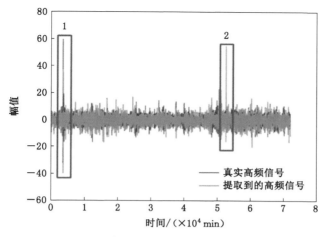

（a）真实高频信号与提取到的高频信号对比

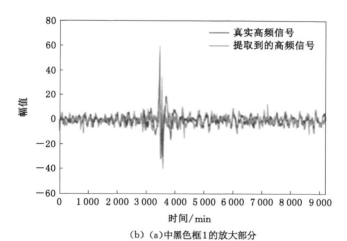

（b）（a)中黑色框1的放大部分

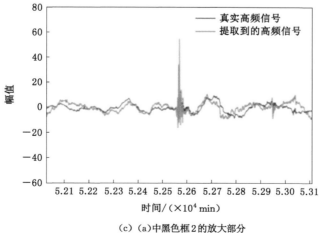

（c）（a)中黑色框2的放大部分

图 4-9　真实高频信号与用最小噪声分离方法提取到的高频信号对比

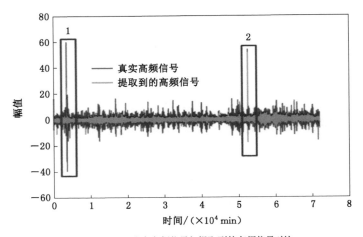

（a）真实高频信号与提取到的高频信号对比

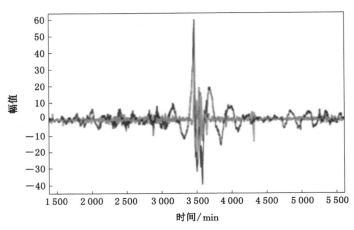

（b）（a）中黑色框1的放大部分

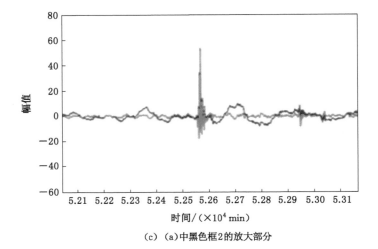

（c）（a）中黑色框2的放大部分

图 4-10　真实高频信号与用离散小波变换提取到的高频信号对比图

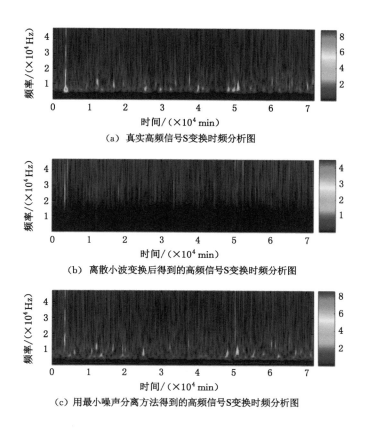

（a）真实高频信号S变换时频分析图

（b）离散小波变换后得到的高频信号S变换时频分析图

（c）用最小噪声分离方法得到的高频信号S变换时频分析图

图 4-11　真实高频信号、离散小波变换后得到的高频信号和用最小噪声分离方法
得到的高频信号 S 变换时频分析对比图

进一步探究该方法的性能。

4.3　震例分析

4.3.1　芦山地震钻孔应变数据的应变固体潮去除与异常分析

　　为了验证基于最小噪声分离的钻孔应变数据应变固体潮去除方法的有效性,本节采用基于最小噪声分离的应变固体潮去除方法和 S 变换时频分析对芦山地震前钻孔应变数据的应变固体潮进行去除,并对震前异常进行分析。刘琦等利用 S 变换方法对应变数据进行了处理,结果表明研究时段内时频域中出现两簇高能量异常,一簇开始于 2012 年 10 月并持续了 4 个月,另一簇开始于芦山地震发生数天前(刘琦等,2014),本节将针对这两处异常进行分析。

　　北京时间 2013 年 4 月 20 日上午 8 时 2 分在我国四川省芦山县发生了 7.0 级地震,震中坐标为(30.27°N,102.93°E),震源深度为 13 km。姑咱台距离芦山地震震中 72 km,也是距离震中最近的钻孔应变台站,两者位置如图 4-12 所示。图中黄色五角星代表芦山地震震中位置,蓝色三角形是姑咱台站的位置,红色圆点为近十年龙门山断裂带附近发生的 3 级以上的地震点。

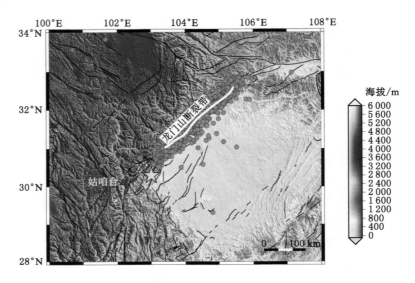

图 4-12　姑咱台站和芦山地震震中位置关系

选取姑咱台自 2012 年 9 月到 2013 年 4 月钻孔应变观测的面应变数据 S_a 进行分析,经过应变换算后的 S_a 数据如图 4-13 所示。图中黑色虚线表示芦山地震发生的时间,除了芦山地震附近的数据有明显的异常外,数据其他时间并没有明显的异常现象出现。为了便于观察,将钻孔面应变数据分两段进行 S 变换,图 4-14 为姑咱台自 2012 年 9 月到 2012 年 12 月钻孔应变数据的面应变数据 S_a 及其 S 变换时频分析图。

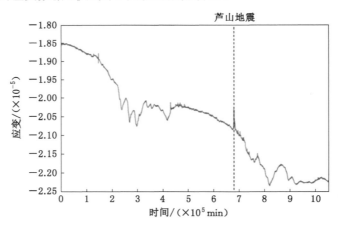

图 4-13　姑咱台自 2012 年 9 月到 2013 年 4 月钻孔应变观测的面应变数据 S_a

从图 4-14(b)中可以看到固体潮的周期响应十分明显,2012 年 10 月末出现了一处明显的异常,似乎在 2012 年 11 月和 12 月也出现了异常,但是由于应变固体潮的影响难以进行辨识。

如图 4-15 所示,S 变换时频分析图中应变固体潮的周期响应也十分明显,但是在芦山地震前几天仍然呈现出明显的异常,这是因为异常处的应变固体潮波形形态被严重破坏,且

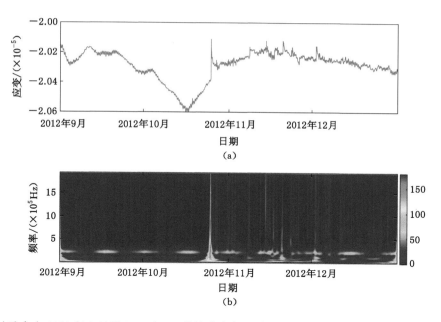

图 4-14　姑咱台自 2012 年 9 月到 2012 年 12 月钻孔应变观测的面应变数据 S_a 及其 S 变换时频分析图

异常的能量值大于应变固体潮能量值。

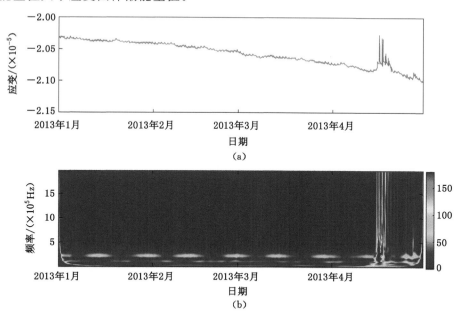

图 4-15　姑咱台自 2013 年 1 月到 2013 年 4 月钻孔应变观测的面应变数据 S_a 及其 S 变换时频分析图

　　采用最小噪声分离的方法将应变固体潮去除,并针对两处异常时间段进行了 S 变换时频分析,结果如图 4-16 和图 4-17 所示。如图 4-16 所示,应变固体潮的周期响应已经完全去除,被掩盖的异常也清晰地呈现了出来:异常从 2012 年 10 月末开始出现,一直持续到 13 年 1 月初,此后异常逐渐消失。

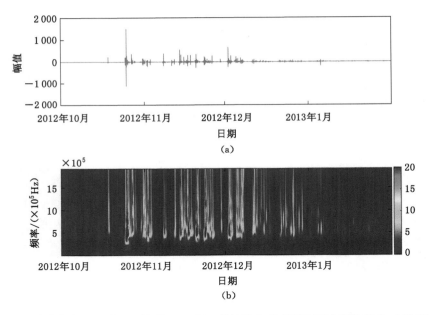

图 4-16　姑咱台自 2012 年 10 月到 2013 年 1 月钻孔应变观测的面应变数据 S_a 去除应变
固体潮后的数据及其 S 变换时频分析图

如图 4-17 所示,芦山地震前几天出现了十分明显的异常现象,震后出现的异常是由余震等引起的。

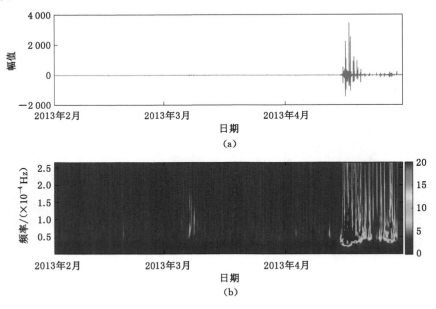

图 4-17　姑咱台自 2013 年 2 月到 2013 年 4 月钻孔应变观测的面应变数据 S_a 去除应变
固体潮后的数据及其 S 变换时频分析图

本方法得出的结果与之前学者研究结果相吻合,说明最小噪声分离方法在有效去除应变固体潮的基础上很好地保留了异常部分。

4.3.2　汶川地震钻孔应变数据的应变固体潮去除与异常分析

　　为进一步验证算法的有效性,本小节对汶川地震前姑咱台钻孔应变数据进行了分析。姑咱台站位于龙门山断裂带的西南部,台站于 2006 年 10 月安装了 YRY-4 型四分量钻孔应变仪,从 2006 年 12 月 1 日开始正式产出分钟值数据。北京时间 2008 年 5 月 12 日 14 时 28 分中国四川省汶川县发生了 8.0 级特大地震,震中坐标为(31.01°N,103.42°E)。姑咱台站距离汶川地震震中 153 km,如图 4-18 所示,图中黄色五角星代表汶川地震震中位置。本小节选取 2007 年 1 月到 2008 年 5 月的数据进行应变固体潮去除,并与钻孔面应变数据进行对比分析,结果如图 4-19、图 4-20 所示。

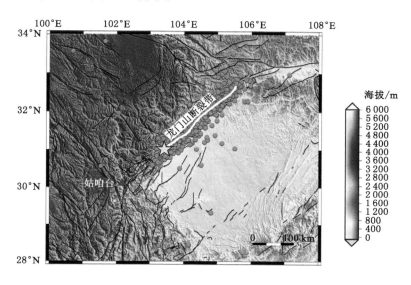

图 4-18　姑咱台站和汶川地震震中位置关系

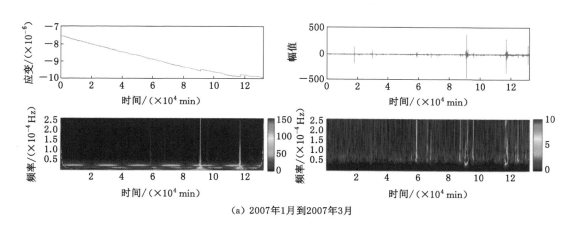

(a) 2007年1月到2007年3月

图 4-19　姑咱台站钻孔应变数据自 2007 年 1 月到 2007 年 9 月钻孔面应变数据与
去除应变固体潮后数据的 S 变换对比图

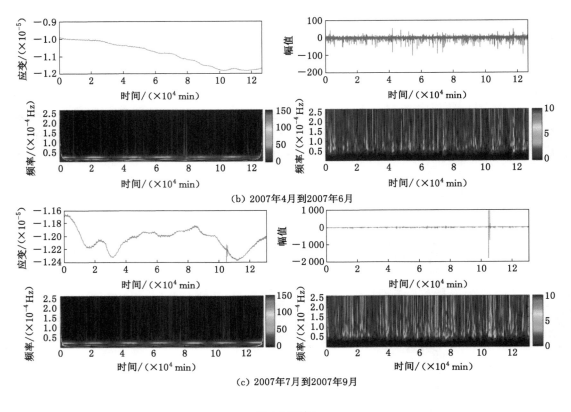

（b）2007年4月到2007年6月

（c）2007年7月到2007年9月

图 4-19（续）

　　池顺良、张晶、邱泽华等通过研究姑咱台钻孔应变数据发现，在汶川地震前出现了大量的"脉冲和阶跃"异常，异常开始出现的时间为 2007 年 4 月并一直持续到汶川地震发生。

　　本小节采用最小噪声分离的方法对姑咱台 2007 年 1 月—2008 年 5 月的钻孔应变数据进行了分析，其结果如图 4-19、图 4-20 所示。图中左侧为钻孔面应变数据及其 S 变换结果，

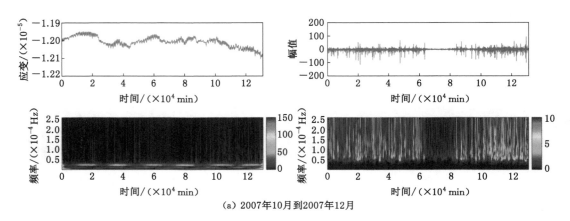

（a）2007年10月到2007年12月

图 4-20　姑咱台站钻孔应变数据自 2007 年 10 月到 2008 年 5 月钻孔面应变数据与
去除应变固体潮后数据的 S 变换对比图

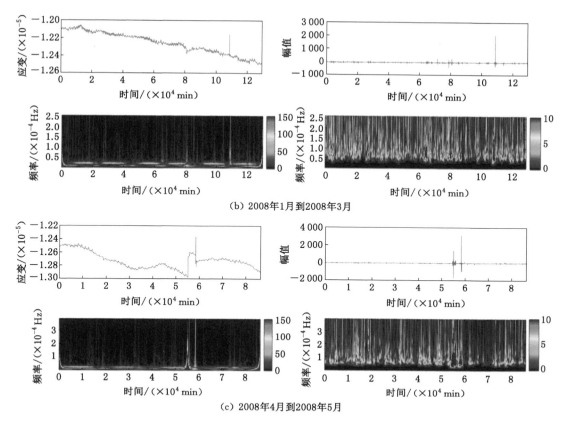

（b）2008年1月到2008年3月

（c）2008年4月到2008年5月

图 4-20（续）

右侧是相应时间去除应变固体潮数据及其 S 变换结果。在左侧的时频分析图中可以看到钻孔面应变数据除了在较大异常时出现明显的能量波动外，其他时刻都表现出清晰的周期变化特征。在右侧去除应变固体潮后的时频分析图中，可以看到去除应变固体潮影响后，大量的异常凸显了出来。

在 S 变换时频分析图中，可以看到钻孔面应变数据的频率随时间呈现周期特征，经过计算，这些能量的波动主要集中在 1.157×10^{-5} Hz 与 2.232×10^{-5} Hz，即与固体潮的谐波周期相吻合的波段，这说明钻孔应变数据严重受到固体潮影响，而去除应变固体潮后数据的 S 变换时频分析图中，固体潮谐波周期完全被去除，钻孔应变异常清晰地被呈现出来，从 2007 年 4 月开始出现异常，并一直持续到汶川地震发生之后，这与已有研究结果相吻合。

芦山地震前的异常幅值很大，异常现象明显且容易观察。与芦山地震不同的是，汶川地震前出现的异常相对微弱，幅值较小，很容易被应变固体潮所掩盖，需要经验丰富的专业人员才会察觉到。而采用基于最小噪声分离的钻孔应变数据应变固体潮去除方法处理后，从钻孔应变数据中能够清晰分辨出异常的特征，说明该方法能够有效地去除应变固体潮响应，并且能很好地保留异常特征。

4.4 小　　结

本章主要针对应变固体潮淹没钻孔应变数据中地壳活动引起的异常信号,导致异常无法识别和提取的问题,提出了基于最小噪声分离的应变固体潮去除方法。仿真实验表明该方法可以有效去除应变固体潮,并且 S 变换结果表明用最小噪声分离方法提取到异常的能量可达真实异常能量的 92%,说明该方法可以很好保留异常形态及能量信息。另外,还用震例分析进一步验证了该方法的有效性。钻孔应变观测数据的 S 变换时频分析结果表明,应变固体潮所产生的周期效应掩盖了部分异常信息,而采用本章方法去除应变固体潮后数据的 S 变换时频分析结果表明,应变固体潮已有效去除,可以清晰地分辨出异常现象。

第 5 章　基于希尔伯特-黄变换的钻孔应变数据瞬时能量异常提取方法研究

应变固体潮、气温、气压和钻孔水位会对钻孔应变数据产生周期影响。本章将采用希尔伯特-黄变换的方法去除影响因素的周期干扰，即通过数据分解方法分离出钻孔应变数据中的影响因素周期干扰，并在频域上进行识别和去除。地震前兆异常的时间信息表达至关重要且异常特征多表现在数据的幅值上，而在时频分析中很难实现既能得到高分辨率频率，又能清晰地表达时间信息。瞬时能量是时间函数，可以在很好保留异常幅值能量信息的基础上清晰表达异常的时间信息，因此本章采用瞬时能量计算的方法对去除了周期影响的钻孔应变数据进行异常提取。

5.1　基于希尔伯特-黄变换的影响因素的去除

钻孔应变数据容易受到环境因素的影响，而这些影响因素并不是简单以加和的形式存在，难以进行分离。传统的数据分析方法都基于线性和平稳信号的前提做出的假设，而对钻孔应变数据这种非线性、非平稳的信号来说传统的数据分析方法难以有效地描述其特性。由 Huang 等（Huang et al.，2008；Huang et al.，1998；Huang et al.，1999）提出的希尔伯特-黄变换是一种基于经验的数据分析方法，其特点是可有效地将复杂的非平稳信号分解成多个经验模态函数分量，而且分解后的经验模态函数分量都是窄带的，每个经验模态函数都具有一定的物理意义。

5.1.1　希尔伯特-黄变换

对于给定的一个信号函数 $x(t)$，可以定义如下一维积分变换（Liu et al.，2001；Hahn，1996）：

$$X(s) = \int_{\Omega} x(t)\varphi(t,s)\mathrm{d}t \quad t \in \Omega \tag{5-1}$$

式（5-1）的逆变换为：

$$x(t) = \int_{\Gamma} X(s)\Psi(t,s)\mathrm{d}s \quad t \in \Gamma \tag{5-2}$$

其中 $X(s)$ 为 $x(t)$ 的积分变换，$x(t)$ 为 $X(s)$ 的积分逆变换，$\varphi(t,s)$ 是积分变换的核，$\Psi(t,s)$ 为积分变换的共轭核。

对式（5-1）和式（5-2）中积分域 Ω 和 Γ 都取整数集，则 Hilbert（希尔伯特）变换的定义如下：

$$X(s) = \frac{1}{\pi} \int_{-\infty}^{+\infty} \frac{x(t)}{s-t}\mathrm{d}t \tag{5-3}$$

$$x(t) = -\frac{1}{\pi} \int_{-\infty}^{+\infty} \frac{X(s)}{t-s} \mathrm{d}s \tag{5-4}$$

由式(5-3)可知，Hilbert 变换也可以定义为：

$$y(t) = H[x(t)] = \frac{1}{\pi} \int_{-\infty}^{+\infty} \frac{x(\tau)}{t-\tau} \mathrm{d}\tau \tag{5-5}$$

$$x(t) = H^{-1}[y(t)] = -\frac{1}{\pi} \int_{-\infty}^{+\infty} \frac{y(\tau)}{t-\tau} \mathrm{d}\tau \tag{5-6}$$

Hilbert 变换的卷积形式为：

$$y(t) = \frac{1}{\pi t} \cdot x(t) \tag{5-7}$$

$$x(t) = -\frac{1}{\pi t} \cdot y(t) \tag{5-8}$$

式中 $y(t)$ —— $x(t)$ 的 Hilbert 变换；

$x(t)$ —— $y(t)$ 的 Hilbert 逆变换。

以实信号 $x(t)$ 为实部，其 Hilbert 变换 $y(t)$ 为虚部，则可以构造出相对应的复信号：

$$z(t) = x(t) + \mathrm{j}y(t) = x(t) + \mathrm{j}H[x(t)] \tag{5-9}$$

式中 $z(t)$ 被称为解析信号。

对应于实信号 $x(t)$ 的解析信号，可记作 $A[x(t)]$，即：

$$A[x(t)] = x(t) + \mathrm{j}H[x(t)] \tag{5-10}$$

其极坐标形式为：

$$A[x(t)] = x(t) + \mathrm{j}H[x(t)] = a(t)\mathrm{e}^{\mathrm{j}\theta(t)} \tag{5-11}$$

Huang 等提出了经验模态函数(Intrinsic Mode Function，IMF)的概念，任何信号都可以由基本信号即经验模态函数组成，且具有由高频到低频的多尺度特性(Huang et al.，1998)。当一个信号满足以下两个条件时，就可以被称为 IMF：(1) 整个信号中的零点数与极值点数相等或至多相差 1；(2) 信号中极大值和极小值构成的上、下包络的均值为零(江莉等，2009)。其具体分解方法如下：

对待测信号 $X(t)$，首先找到其所有极大值点和极小值点，分别用三次样条曲线进行拟合，得到上下包络线。计算两条包络线的均值，记为 m_1，信号与这个均值的差记为第一分量 h_1：

$$h_1 = X(t) - m_1 \tag{5-12}$$

在第二个分解过程中将 h_1 作为被处理数据并重复 k 次，直到 h_{1k} 满足 IMF 条件得到第一个 IMF，记为 c_1。其表达式为：

$$h_{1(k-1)} - m_{1k} = h_{1k} = c_1 \tag{5-13}$$

分解过程结束标准 SD 的表达式如下：

$$\mathrm{SD} = \sum_{t=0}^{T} \left[\frac{h_{1(k-1)}(t) - h_{1k}(t)^2}{h_{1(k-1)}^2(t)} \right] \tag{5-14}$$

一般 SD 控制在 0.2 到 0.3 之间。

由 SD 标准控制直到不能再分出 IMF，剩余的分量表达了信号的整体趋势，叫作残余分量，记为 r_n。根据式(5-13)、式(5-14)得：

$$X(t) = \sum_{i=1}^{n} c_i + r_n \tag{5-15}$$

式中　c_i——分解得到的 IMF 分量；

　　　r_n——残余分量。

5.1.2　钻孔应变数据影响因素的去除

经验模态分解会出现模态混叠现象，Huang 等在待分析信号中加入白噪声，白噪声在频谱上的分布是均匀的，可以使待测信号自动分布到合适的参考尺度上。零均值的白噪声会在多次平均计算后抵消，这样集成均值的计算结果就可以直接视作最终结果（Wu et al.，2009；Wang et al.，2012）。钻孔应变数据的集合经验模态分解（EEMD）步骤如下：

步骤 1：通过式(2-14)对钻孔应变数据进行应变换算得到面应变 S_a，将正态分布的白噪声加到面应变 S_a 中（本书中加入的白噪声与原始信号的标准差之比为 0.2），记为 Y；

步骤 2：通过式(4-16)～式(4-19)对信号 Y 进行分解，计算出 IMF 分量；

步骤 3：重复步骤 1 和步骤 2，每次重复加入新的高斯白噪声序列进行分解，迭代次数在 100 次时得到的残差噪声小于 1%，因此采用的迭代次数为 100 次；

步骤 4：将每次得到的 IMF 分量做集成平均后作为最终的结果；

步骤 5：参考表 3-2～表 3-4 影响因素的周期统计，分别计算分解后 IMF 的频谱，识别并判断每个 IMF 的主要频率成分，去除频率成分与影响因素对应的 IMF，达到去除影响因素的目的。

5.1.3　瞬时能量的计算与瞬时能量异常提取

1. 瞬时能量的计算

将提取到的 IMF 设为 $s(t)$，它经 Hilbert 变换得到的信号 $s_h(t)$ 是与 $s(t)$ 正交的，通过混合信号 $s(t)+js_h(t)$ 可以得到信号的瞬时相位和瞬时频率。

$\hat{s}(\omega)$ 表示实信号 $s(t)$ 的傅里叶变换，将 $\hat{s}(\omega)$ 乘以单位阶跃函数构造只包含 $s(t)$ 正频率的信号 $s_+(\omega)$，其表达式如下：

$$\hat{s}_+(\omega) = \hat{s}(\omega)\hat{u}(\omega) \tag{5-16}$$

式中　$\hat{u}(\omega)$——单位阶跃函数，其定义为：

$$\hat{u}(\omega) = \begin{cases} 1 & \omega \geqslant 0 \\ 0 & \text{其他} \end{cases} \tag{5-17}$$

由式(5-16)可得：

$$2\hat{s}_+(\omega) = \hat{s}(\omega)[1+\text{sgn}(\omega)] = \hat{s}(\omega)+j[-j\text{sgn}(\omega)\hat{s}(\omega)] \tag{5-18}$$

式中　$\text{sgn}(\omega)$——符号函数，其定义为：

$$\text{sgn}(\omega) = \begin{cases} 1 & \omega > 0 \\ -1 & \omega < 0 \end{cases} \tag{5-19}$$

在式(5-18)中，$-j\text{sgn}(\omega)\hat{s}(\omega)$ 是 $s(t)$ 的 Hlibert 变换 $s_h(t)$，可表示为：

$$s_h(t) = F^{-1}\{-j\text{sgn}(\omega)\hat{s}(\omega)\} = \frac{1}{\pi}\int_{-\infty}^{\infty} \frac{s(\tau)}{t-\tau}d\tau \tag{5-20}$$

式中　F^{-1}——傅里叶逆变换。

容易证明 $\langle s(t), s_h(t) \rangle = 0 \Rightarrow s_h(t) \perp s(t)$。

则 $s(t)$ 的瞬时频率和瞬时相位可以表示为：

$$\theta(t) = \arctan\left\{\frac{s_h(t)}{s(t)}\right\} \tag{5-21}$$

$$\omega_i(t) = \frac{\mathrm{d}\theta}{\mathrm{d}t} = \omega_c + k_f m(t) \tag{5-22}$$

由式(5-22)，希尔伯特-黄变换的谱可以写成：

$$H(t,\omega) = \mathrm{Re}\sum_i A_i(t)\exp\left[\mathrm{j}\omega_i(t)\mathrm{d}t\right] \tag{5-23}$$

其边际谱可以表示为：

$$h(\omega) = \frac{1}{T}\int_0^T H(t,\omega)\mathrm{d}t \tag{5-24}$$

式中　$h(\omega)$——边际谱，用来度量每一个频率值的幅值和能量贡献。

瞬时能量可以定义为：

$$\mathrm{IE}(t) = \sum_\omega H^2(t,\omega) \tag{5-25}$$

式中　$\mathrm{IE}(t)$——瞬时能量（Huang et al.，1998）。

2. 瞬时能量异常提取

首先计算待测台站随机无震时间段对应 IMF 的瞬时能量水平，并作为判断标准值；

其次将瞬时能量大于标准值的天作为异常天提取出来；

最后借鉴 Santis 等在 Swarm 卫星数据震前异常分析中采用的 Sigmoidal 曲线拟合方法（Barman et al.，2016），对异常累计结果进行拟合并观察拟合曲线的特征。

对瞬时能量异常天进行异常累计，异常累计公式为：

$$N(t) = \sum N[\bar{\lambda}(t)], t = 1,2,\cdots,n \tag{5-26}$$

式中　$N(t)$——瞬时能量异常天的累计数；

　　　$\bar{\lambda}(t)$——瞬时能量异常天。

5.2　震例分析

5.2.1　芦山地震前钻孔应变数据瞬时能量异常提取

选取姑咱台钻孔应变数据作为研究对象，姑咱台与芦山地震位置如图 4-15 所示。数据时间段为 2012 年 10 月 1 日到 2013 年 4 月 30 日。第 4 章中提取到了芦山地震前的两处异常，分别是 2012 年 10 月到 2013 年 1 月和芦山地震前几天。

首先将四分量钻孔应变数据通过应变换算，将其换算为面应变。钻孔应变数据、气温、气压和钻孔水位数据曲线如图 5-1 所示。图 5-1 所示气温和气压数据在芦山地震前并没有呈现出异常现象，而钻孔水位数据在芦山地震前几天的趋势产生了异常变化。

对钻孔面应变数据进行集合经验模态分解（EEMD），其结果如图 5-2、图 5-3 和图 5-4 所示。图 5-2～图 5-4 为钻孔应变数据 EEMD 分解的各分量，IMF1～IMF5 都呈现出相对高频现象，这是因为 EEMD 分解是按照高频到低频逐步分解的，因此前面的分量属于相对高频信号。可以看到芦山地震前几天的异常在各分量上都十分明显，这是由于地震前几天的异常幅值大并且严重改变了原始数据的形态。然而在 IMF1 和 IMF2 中没有出现 2012 年 10

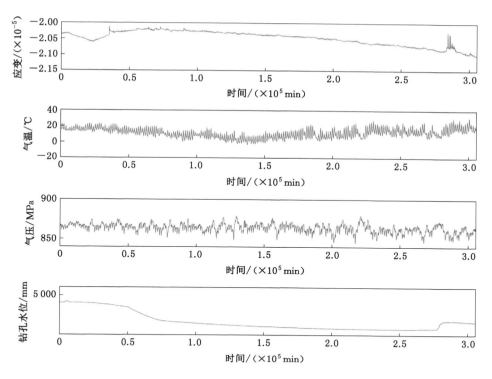

图 5-1 钻孔应变数据、气温、气压和钻孔水位数据曲线

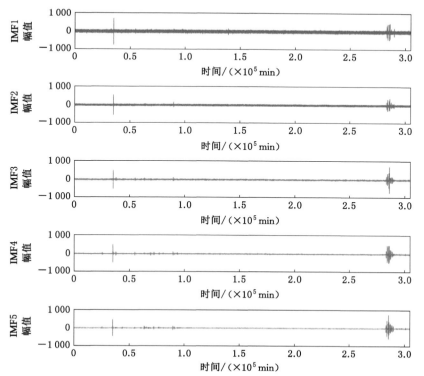

图 5-2 钻孔应变数据经 EEMD 分解得到的 IMF1 到 IMF5 曲线

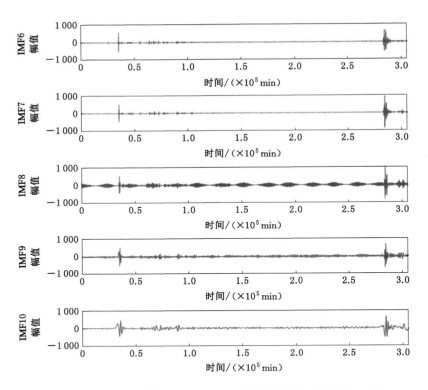

图 5-3　钻孔应变数据经 EEMD 分解得到的 IMF6 到 IMF10 曲线

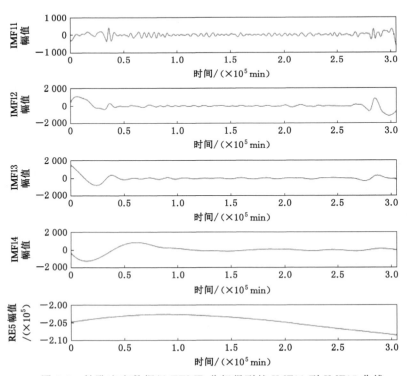

图 5-4　钻孔应变数据经 EEMD 分解得到的 IMF11 到 IMF15 曲线

月到 2013 年 1 月时间段的异常,这些异常在 IMF3 开始才逐渐出现。IMF6 和 IMF7 中已经能够清晰分辨出两处异常;IMF8 中清晰呈现出固体潮谐波形态,IMF9 和 IMF10 中看似也包含着固体潮谐波成分。IMF11 能够粗略判断出两处异常,IMF12～IMF14 已经无法判断出异常的位置。IMF15 就是 RES,也就是残余分量,表示数据的整体趋势。

根据 EEMD 分解后的各 IMF 是单频分量的特点,为了判断各 IMF 所代表的成分,对 IMF1～IMF14(RES 除外)进行傅里叶变换求其频率分布并换算成周期,其结果如表 5-1 所示,并采用排除法找到可反映地壳活动的分量。

表 5-1　钻孔应变数据经 EEMD 分解得到 IMF 的谐波周期(h 为小时,d 为天)

IMF	1	2	3	4	5	6	7
谐波周期	0.03 h	0.1 h	0.2 h	0.5 h	1 h	2.8 h	5.7 h
IMF	8	9	10	11	12	13	14
谐波周期	12 h	12 h	24 h	24 d	30 d	57 d	105 d

在所有的 IMF 分量中最后一个分量 IMF15 表示数据的趋势,予以去除。由于 EEMD 分解出的 IMF 是单频信号,因此可采用频率周期特征判断每个 IMF 的成分特征,14 个 IMF 分量的频率周期如表 3-4 所示。前 5 个 IMF 的频率周期小于 1 h,其主要成分大多是仪器噪声和高斯噪声(Barman et al.,2016),首先予以排除;对比表 3-1、表 3-2 和表 3-3 可知,IMF7～IMF10 的谐波周期与气温数据、气压数据和应变固体潮的谐波周期近似,因此其主要包含大部分气温、气压和应变固体潮信息;IMF11～IMF14 是长周期谐波分量,表示数据的趋势。经过排除,IMF6 最有可能是包含地壳活动信息最多的分量,选取 IMF6 作为继续研究的分量。利用式(5-25)计算 IMF6 的瞬时能量,其瞬时能量随时间的分布特征如图 5-5 所示。从图 5-5 中可以清晰地判断出芦山地震前的两处异常。

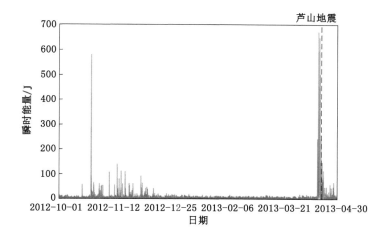

图 5-5　IMF6 的瞬时能量随时间的分布特征

为了选取合适的阈值来判断异常天,随机选取姑咱台站无震期间的钻孔应变数据进行 EEMD 分解,同样选取 IMF6 进行瞬时能量计算。选取的时间段为 2011 年 4 月整月的数据,该时间段在前一年和后一年均无大地震发生,其数据曲线如图 5-6 所示。由图 5-6 可知,该月钻孔应变数据没有出现同震现象,且曲线光滑,属于无震时期。

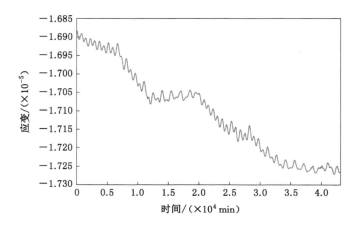

图 5-6 姑咱台 2011 年 4 月钻孔应变数据曲线

对这段数据进行处理并计算瞬时能量,其结果如图 5-7 所示。由图 5-7 可知,在无震期间与地壳活动相关的分量 IMF6 的瞬时能量分布在小于 20 的区域内,选定瞬时能量大于 20 的点为异常点。

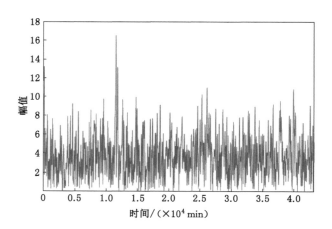

图 5-7 姑咱台 2011 年 4 月 IMF6 瞬时能量曲线

为了更加清楚地表达异常变化的特点,将出现瞬时能量异常的天看作异常天进行累计,如图 5-8 所示,两个异常时间段的异常现象明显,瞬时能量异常天数急剧增加,可以看出瞬时能量对于钻孔应变数据的异常十分敏感,可以很好地表现出钻孔应变数据的异常特征。

值得注意的是,第一个瞬时能量异常时间段是 2012 年 10 月末到 2012 年 12 月末,这与第 3 章提取到的异常事件时间范围不一致。这是因为去除了固体潮响应、气温、气压和钻孔水位的影响之后,异常时间段发生了改变,说明 2013 年 1 月出现的异常有可能是其他因素引起的,并不是地壳活动引起的。

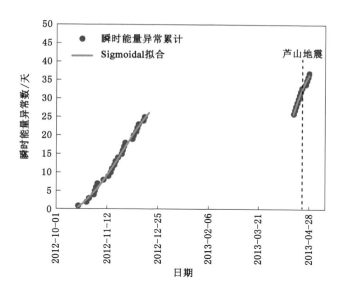

图 5-8　芦山地震前瞬时能量异常天累计结果

5.2.2　瞬时能量异常与芦山地震的关联性分析

邱泽华提出识别地震前兆的三个自然判据(邱泽华,2010):

(1) 有正常的背景:用某种观测方法应该至少积累一年以上的资料;

(2) 非干扰影响:排除所有已知的干扰,这样的异常就可能与构造运动有关;

(3) 与地震相关:异常现象满足孕震机理,即观测异常越趋近地震发生则越强烈或出现在临近地震发生的时候,观测异常震后衰减或消失。

姑咱台四分量钻孔应变仪自 2006 年 10 月 28 日安装运行以来,仪器工作状态良好,可以清晰地记录固体潮现象,有着清楚的正常背景。邱泽华等对芦山地震前几天的异常现象进行了分析,发现这些异常是由道路施工、大渡河干扰等其他因素造成的(国家地震局科技监测司编,1995)。如图 5-5 所示,芦山地震前后瞬时异常能量的幅值呈现逐渐衰减的现象,这种现象满足孕震机理。

为了对比瞬时能量异常累计特征,对姑咱台随机时间段做了瞬时能量异常累计。如图 5-9 所示,这是姑咱台 2011 年 1 月的钻孔应变数据瞬时能量异常天累计结果。

对比图 5-8 和图 5-9 可知,2011 年 1 月的拟合曲线更为平缓,瞬时能量异常天出现的密集度很低且异常累计拟合曲线呈现平缓的上升趋势,而芦山地震前的两个时间段瞬时异常天出现的密度极高且异常累计拟合曲线更加陡峭,而且异常累计结果可以很好地采用 Sigmoidal 函数拟合,这种现象与一般情况不符。

钻孔应变数据出现的两处异常的时间与芦山地震发生的时间较近,尤其是震前几天的异常,这说明钻孔应变异常与芦山地震在时间上具有一定的相关性。芦山地震震级较大,影响的地域范围广,姑咱台距离芦山地震震中仅 72 km,因此姑咱台极有可能记录到了地震前兆现象。

综上所述,瞬时能量提取到了芦山地震前的两处钻孔应变数据异常,两处异常发生的时

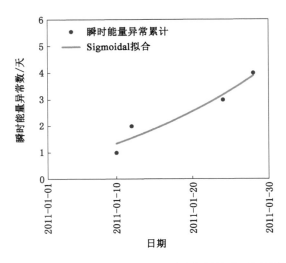

图 5-9　姑咱台 2011 年 1 月瞬时能量异常天累计结果

间与芦山地震发生的时间很近,两处异常时间段的瞬时能量异常累计拟合曲线也十分相似,且没有证据显示是由其他因素引起的,因此不能排除这是与芦山地震相关的异常现象。

5.3　小　　结

　　本章针对影响因素对钻孔应变数据的周期干扰问题,提出了基于希尔伯特-黄变换的钻孔应变数据异常提取方法,实现了对钻孔应变数据的有效分解并去除了周期影响。采用集合经验模态分解的方法对钻孔应变面应变数据进行了分解,通过分析判断分解后的各 IMF 分量谐波周期与各影响因素主要的谐波周期之间的关系,达到去除影响因素分量的目的。另外,以芦山地震数据为例,采用基于希尔伯特-黄变换的瞬时能量异常提取方法提取到两处异常,通过地震判据、随机时间段数据分析指出了两处异常可能与芦山地震相关。

第 6 章　基于变分模态分解的钻孔应变数据主成分域异常提取方法研究

钻孔应变数据除了会受到应变固体潮、气温、气压和钻孔水位的周期性影响外,还会受到气压和钻孔水位产生的即时影响。变分模态分解方法可以自适应地匹配每种模态最佳的中心频率和有限带宽,实现信号的有效分离。本章将采用变分模态分解的方法对钻孔应变数据进行分离,建立新的状态空间模型、确定分解模态个数,通过主成分域提取并表征钻孔应变数据中的震前异常及其空间分布。

6.1　钻孔应变数据状态空间模型的建立

状态空间模型被广泛应用于非线性信号的研究,国内外的学者针对钻孔应变数据也提出了相应的状态空间模型。本节以现有状态空间模型为基础,建立了新的钻孔应变数据状态空间模型。

6.1.1　传统状态空间模型

1995 年出版的《地震地形变观测技术》一书中就提出了钻孔应变数据状态空间模型的理论(国家地震局科技监测司编,1995):

设有钻孔应变观测数据时间序列 $S(t)$,可以是应变值,也可以是最大或者最小主应变值。根据钻孔应变数据的影响因素可将其用下式来表示:

$$S(t) = A(t) + B(t) + E(t), t = 1, 2, \cdots, N \tag{6-1}$$

式中　$A(t)$——应变数据变化的趋势项,主要指应变数据随时间的趋势型变化,包括中、长趋势;

　　　$B(t)$——周期项,主要指非震因素引起的各种周期性变化,其中包括固体潮响应等信息;

　　　$E(t)$——引起构造地震的地壳形变和其他因素导致的短周期变化。

趋势项 $A(t)$ 可以采用别尔采夫滤波方法来消除,其方法如下:首先计算 t 时刻钻孔应变数据的趋势变化值:

$$A(t) = \frac{1}{15} \big[X(t) + X(t \pm 2) + X(t \pm 3) + X(t \pm 5) + X(t \pm 8)$$
$$+ X(t \pm 10) + X(t \pm 13) + X(t \pm 18) \big] \tag{6-2}$$

根据 $A(t)$ 序列的分布,有可能得到趋势变化的异常,这种异常的时间尺度较大。$A(t)$ 值还可用于数据的趋势校正,校正后得到不含趋势变化的测值序列:

$$Y(t) = X(t) - A(t); t = 1, 2, \cdots, N; N = N' - 36 \tag{6-3}$$

式中　$Y(t)$——校正后不含趋势变化的数据。

钻孔应变观测数据的周期项主要是由固体潮汐响应引起的，可采用调和分析的方法进行拟合去除。最后短周期项 $E(t)$ 可由下式获得：

$$E(t) = Y(t) - B(t) \tag{6-4}$$

其中：趋势项 $A(t)$、周期项 $B(t)$ 和短周期变化项 $E(t)$ 均有可能包含与地震相关的异常信息。

可以看出，此状态空间模型较为简单，并没有充分体现钻孔应变数据的影响因素集合，因此上述状态空间模型只适用于台站仅采集钻孔应变资料而缺少辅助观测资料并且不具备潮汐应变调和分析能力的情况。

Takanami 等(2013)提出了相对完备的钻孔应变数据的状态空间模型。并且对 Sacks-Evertson 钻孔体应变仪观测数据进行了验证，表明此状态空间模型可以很好地表征钻孔应变数据的影响因素。

假设有钻孔应变观测数据时间序列 $_{\text{obs}}\text{Strain}_n$，真实的地壳应变信号可表示为：

$$_{\text{corrected}}\text{Strain}_n = {}_{\text{obs}}\text{Strain}_n - (P_n + E_n + S_n + R_n + \varepsilon_n)$$
$$\varepsilon_n \in N(0, \sigma^2), n = 1, 2, \cdots, N \tag{6-5}$$

式中　　N ——钻孔应变数据的观测点数；

$_{\text{corrected}}\text{Strain}_n$ ——校正后的钻孔应变数据；

$P_n, E_n, R_n, S_n, \varepsilon_n$ ——气压影响、固体潮汐影响、有效降雨的影响、信号跳变影响和观测的高斯噪声。

校正后的钻孔应变数据 $_{\text{corrected}}\text{Strain}_n$ 采用下式的一阶趋势模型来表达：

$$_{\text{corrected}}\text{Strain}_n = {}_{\text{corrected}}\text{Strain}_{n-1} + \omega_n$$
$$\omega_n \in N(0, \tau^2), n = 1, 2, \cdots, N \tag{6-6}$$

其他的分量可以表示为：

$$p_n = \sum_{i=0}^{m} a_i p_{n-i} \tag{6-7}$$

$$E_n = \sum_{i=0}^{l} b_i \text{et}_{n-i} \tag{6-8}$$

$$R_n = \sum_{i=1}^{k} c_i R_{n-i} + \sum_{i=1}^{k} d_i r_{n-i} \tag{6-9}$$

$$S_n = \sum_{i=1}^{n} \eta_i s_{i,n} \tag{6-10}$$

式中　　p_n, et_n, r_n ——观测的气压数据、理论固体潮汐数据和观测的降雨数据；

$a_i, b_i, c_i, d_i, \eta_i$ ——卡尔曼滤波估计的系数；

S_n ——由于仪器维护或损坏所产生的跳变信号影响；

η_i ——未知的信号跳变幅值；

$s_{i,n}$ ——一个阶跃函数，其定义可表示为：

$$s_{i,n} = \begin{cases} 0 & i \leqslant n_i \\ 1 & i > n_i \end{cases} \tag{6-11}$$

式中　　n_i ——第 i 个跳变发生的时间，假设其为已知量。

应变气压响应和固体潮汐响应可以采用回归模型表示，回归模型参数可由卡尔曼滤波来估计。降雨的影响可采用自回归滑动平均模型（Autoregressive Moving Average Model，ARMA）来表示，考虑到降雨的即时性和延迟影响，模型的参数采用极大似然估计法来确定（Matsumoto et al.，2003）。应变对降雨的响应在最初几个小时内迅速上升，然后在一段时间内缓慢恢复到降雨前的水平，用 ARMA 可以同时估计脉冲响应和阶跃响应。综上，钻孔应变数据的状态空间模型中的系数就可以被逐个计算得出。

6.1.2　新的状态空间模型

Takanami 等提出的钻孔应变数据的状态空间模型不仅可以用于呈现出钻孔应变数据的影响因素，还可以结合卡尔曼滤波等方法对各影响因素进行逐一分析，为钻孔应变数据的影响因素分析提供了坚实的理论基础。然而，在钻孔应变观测的过程中，仪器探头在钻孔中耦合状态的变化以及钻孔施工后四周岩体力学状态的缓慢变化，会造成仪器读数出现长年趋势性变化。杨少华等建立了三维有限元热-弹性耦合模型，模拟了地表温度年变化引起的热应变，指出春季和秋季达到波峰和波谷的年周期变化的信号是地表温度年变化引起的热应变信号（杨少华等，2016）。理论上钻孔应变观测的应变固体潮、气压、钻孔水位的影响对于这种长期的趋势性变化不是特别明显且本书针对的是大地震的中前期异常提取，因此结合上述两种钻孔应变数据的状态空间模型，本章提出了新的状态空间模型。

假设有钻孔应变观测数据时间序列 S_n^0，其状态空间模型可用下式表示：

$$S_n^0 = T_n + S_n^c + E_n + P_n + W_n + \varepsilon_n$$
$$\varepsilon_n \in N(0, \sigma^2); n = 1, 2, \cdots, N \tag{6-12}$$

式中　T_n——钻孔应变数据的趋势项，主要包括仪器状态影响和气温影响；

S_n^c——由地壳运动引起的短周期变化（主要是与地壳运动相关的变化）；

E_n——周期性变化，主要包括固体潮汐影响和气压的周期性影响；

P_n——由气压引起的短周期变化；

W_n——水位引起的变化；

ε_n——高斯白噪声；

N——观测点的个数。

本书将钻孔应变数据的长年趋势单独作为状态空间模型中的一项，且采用水位变化来表达降雨的影响。影响因素项表示的是在各影响因素的作用下钻孔应变观测数据发生的变化，不包括影响因素对钻孔应变观测数据在趋势上的影响。

传统的状态空间模型需要通过卡尔曼滤波估计等方法来分别确定模型中影响因素的参数。而新的状态空间模型由于其将数据的趋势项单独作为一个影响因素，使得其他的影响因素项中不包含对数据趋势的影响，这为数据分解方法中实现钻孔应变观测数据影响因素分离提供了可能性。

6.2　基于变分模态分解的钻孔应变数据影响因素的去除

Dragomiretskiy 等（2013）提出了一种自适应信号分解算法：变分模态分解（Variational Mode Decomposition，VMD）。该方法可以实现自适应地将钻孔应变数据中地壳活动信号和影响因素信号的频域剖分和有效分离。相比于经验模态分解等通过递归的方式分解模态的方法,用 VMD 可以同步分离信号,可表现出更好的稳定性。

6.2.1 变分模态分解的原理

变分模态分解指以经典维纳滤波、希尔伯特变换和混频的变分问题求解为基础,通过迭代搜寻变分模型最优解、自适应地将信号分解成多个有限带宽的固有模态函数,其原理如下:

首先定义一种新的固有模态函数(调幅-调频信号),其可以表示为:

$$u_k(t) = A_k \cos[\varphi_k(t)] \tag{6-13}$$

式中 $\varphi_k(t)$ ——一个非减函数,$\varphi'_k(t) \geqslant 0$,包络 A_k 是非负的。

对信号分解的固有模态函数 $u_k(t)$ 进行希尔伯特变换,其表达式为:

$$\widetilde{u_k}(t) = u_k(t) \cdot \frac{1}{\pi t} \tag{6-14}$$

$u_k(t)$ 的解析信号可表示为:

$$z(t) = u_k(t) + \mathrm{j}\widetilde{u_k}(t) = u_k(t) + \mathrm{j}[u_k(t) \cdot 1/(\pi t)]$$
$$= [\delta(t) + \mathrm{j}/(\pi t)] \cdot u_k(t) \tag{6-15}$$

估计解析信号的中心频率并将所有模态函数的频谱调制到相应的基频带。根据频域卷积定理可将解析信号调制至基频带,其表达式如下:

$$解析信号 = \left[\left(\delta(t) + \frac{\mathrm{j}}{\pi t} \right) \cdot u_k(t) \right] \mathrm{e}^{-\mathrm{j}\omega_k t} \tag{6-16}$$

对式(6-16)的 L^2 范数的平方进行计算,利用约束变分模型估计各模态分量的带宽,约束变分模型表达式为:

$$\min_{\{u_k\} \ \{\omega_k\}} \left\{ \sum_k \| \partial_t \left[\left(\delta(t) + \frac{\mathrm{j}}{\pi t} \right) \cdot u_k(t) \right] \mathrm{e}^{-\mathrm{j}\omega_k t} \|_2^2 \right\}$$
$$\mathrm{s.t.} \sum_k u_k = f \tag{6-17}$$

式中:$\{u_k\} = \{u_1, u_2, \cdots, u_k\}$ 是分解后的各模态,$\{\omega_k\} = \{\omega_1, \omega_2, \cdots, \omega_k\}$ 是各模态对应的中心频率。

根据增广 Lagrange 乘子法的定义有:

$$\left. \begin{array}{l} \min f(x) \\ \mathrm{s.t.} \ \varphi(x) = 0 \end{array} \right\} \Rightarrow L(x, \lambda) = f(x) + \lambda \varphi(x) + \frac{\rho}{2} \| \varphi(x) \|_2^2 \tag{6-18}$$

式中 λ ——拉格朗日乘子;

ρ ——惩罚因子。

因此,式(6-18)中的约束变分问题可以写成如下形式:

$$L(\{u_k\}, \{\omega_k\}, \lambda) = \alpha \sum_k \| \partial_t \left[\left(\delta(t) + \frac{\mathrm{j}}{\pi t} \right) \cdot u_k(t) \right] \mathrm{e}^{-\mathrm{j}\omega_k t} \|_2^2 +$$
$$\| f(t) - \sum_k u_k(t) \|_2^2 + \langle \lambda(t), f(t) - \sum_k u_k(t) \rangle \tag{6-19}$$

式中 λ ——拉格朗日乘子;

ρ ——惩罚因子。

α ——一个平衡参数,其作用是限制初始带宽,影响着分解结果的精度。

采用交替方向乘子算法(Alternating Direction Method of Multipliers,ADMM)来解决式(6-19)的优化问题,假设有优化问题:

$$\begin{cases} \min[f(x) + g(x)] \\ \text{s. t. } Ax + Bz = c \end{cases} \tag{6-20}$$

则可得到式(6-20)的增广拉格朗日形式:

$$L_p(x,z,\lambda) = f(x) + g(z) + \lambda^{\mathrm{T}}(Ax + Bz - c)$$
$$+ \frac{\rho}{2} \parallel Ax + Bz - c \parallel_2^2 \tag{6-21}$$

其迭代方式为:

$$\begin{cases} x^{k+1} = \mathrm{argmin}_x L_p(x,z,\lambda^k) \\ z^{k+1} = \mathrm{argmin}_z L_p(x^{k+1},z,\lambda^k) \\ \lambda^{k+1} = \lambda^k + \rho(Ax^{k+1} + Bz^{k+1} - c) \end{cases} \tag{6-22}$$

式中　ρ ——惩罚因子。

若利用 ADMM 迭代搜索求取式(6-19)的鞍点,就可以得到式(6-17)中约束变分模型的最优解:

$$u_k^{n+1} = \underset{u_k \in X}{\mathrm{argmin}} \left\{ \alpha \parallel \partial_t \left[\left(\delta(t) + \frac{\mathrm{j}}{\pi t} \right) \cdot u_k(t) \right] \mathrm{e}^{-\mathrm{j}\omega_k t} \parallel_2^2 \right.$$
$$\left. + \parallel f(t) - \sum_i u_i(t) + \frac{\lambda(t)}{2} \parallel_2^2 \right\} \tag{6-23}$$

$$\omega_k^{n+1} = \underset{\omega_k}{\mathrm{argmin}} \left\{ \parallel \partial_t \left[\left(\delta(t) + \frac{\mathrm{j}}{\pi t} \right) \cdot u_k(t) \right] \mathrm{e}^{-\mathrm{j}\omega_k t} \parallel_2^2 \right\} \tag{6-24}$$

在采用 ADMM 进行最优解搜索时,其停止条件为:

$$\frac{\sum_k \parallel \hat{u}_k^{n+1} - \hat{u}_k^n \parallel_2^2}{\parallel \hat{u}_k^n \parallel_2^2} < \varepsilon \tag{6-25}$$

利用等间距的傅里叶变换,将式(6-24)转换到频域,则式(6-19)优化问题的解为:

$$\hat{u}_k^{n+1}(\omega) = \frac{\hat{f}(\omega) - \sum_{i \neq k} \hat{u}_i(\omega) + \frac{\hat{\lambda}(\omega)}{2}}{1 + 2\alpha(\omega - \omega_k)^2}, k \in \{1,2,\cdots,K\} \tag{6-26}$$

同理可得中心频率 ω_k^{n+1} 的更新方式:

$$\omega_k^{n+1} = \frac{\int_0^\infty \omega \mid \hat{u}(\omega) \mid^2 \mathrm{d}\omega}{\int_0^\infty \mid \hat{u}(\omega) \mid^2 \mathrm{d}\omega}, k \in \{1,2,\cdots,K\} \tag{6-27}$$

式中:$\hat{u}_k^{n+1}(\omega)$ 相当于 $\hat{f}(\omega) - \sum_{i \neq k} \hat{u}_i(\omega)$ 的维纳滤波,对 $\{\hat{u}_k^{n+1}(\omega)\}$ 进行傅立叶变换,其实部就是 $\{u_k(t)\}$。

维纳滤波是一种基于最小均方误差准则的最优估计器。VMD 的降噪功能是通过应用维纳滤波在分解的过程中对每一个模态去除高斯噪声来实现的。中心频率 ω 是由各模态的能量谱决定的。参数 α 控制着维纳滤波的带宽,当参数 α 的取值越大时,维纳滤波会去除越多的噪声,然而参数 α 的取值过大会影响算法的收敛。相反,如果选取较小的 α,算法会更容易收敛,但是会残留更多的噪声(吴文轩等,2018)。

6.2.2　变分模态分解的参数选择问题

在 VMD 分解中,对分解结果产生直接影响的参数是 α 和 k。参数 α 的取值影响着分解的精度和分解时间的长短,过高的 α 值会使程序进入死循环(Dey et al.,2015)。k 值则影响分解结果的正确性。参数 α 可以根据数值实验来人工选择,本书选择 $\alpha = 2\,000$ 为最优值。在 VMD 中,因为分解层数 k 值属于自定义变量,所以在取值时分解结果会随着 k 值的变化而得到不同的结果,k 值的取值直接影响着结果的准确性,k 值取得过大或者过小都会对结果造成影响。

在对变分模态分解中分解层数 k 的选择问题上许多学者提出了多种方法。吴文轩等(2018)采用峭度准则来确定分解层数 k,峭度越大说明分解的分量中包含的信息越多,特征越明显。Dey 等采用变分模态分解和主成分分析联合的方法对信号进行分解,主成分分析被用于判断合适的分解层数 k。Lian 等提出了一种自适应变分模态分解的方法,采用排列熵的方法来自动确定分解层数 k。Zhang 等提出了一种自适应选择参数的变分模态分解方法,通过计算分解后模态的峰度值和相关系数来判断分解层数 k。

在数据的实际分解处理过程中,由于不同类型的数据有着不同的特点,因此其最优分解层数也不尽相同。当待分解数据的构成和主要影响因素不确定时,需要采取自适应参数选择的手段来确定最优分解层数。反之,在待分解信号主要影响因素已经确定的情况下,影响因素的数目便是最优分解层数。

根据新的状态空间模型,应将 VMD 的分解层数定为 6 层,但是 VMD 在分解数据的过程中,将每个分量的高斯噪声通过维纳滤波进行了去除,高斯分量就不考虑到分解层数中,因此本章选择的最优分解层数为 5 层。

6.2.3　基于 VMD 的钻孔应变数据分解

确定了变分模态分解的参数后,本节将对钻孔应变数据进行变分模态分解。将四分量钻孔应变数据进行应变换算,变换成两个剪应变 S_{13}、S_{24} 和一个面应变 S_a。由于变分模态分解对应变换算后的三个分离的分解过程相同,本书仅以分解 S_a 的过程为例。

实验数据取自姑咱台站 2011 年 2 月整月的数据,以分钟值采样(一天 1 440 个点),其时间序列曲线如图 6-1 所示。

采用 VMD 对面应变 S_a 进行分解,将其分解为 5 层,分别为 c_1、c_2、c_3、c_4 和 c_5,结果如图 6-2 所示。与 S_a 对比可判断 c_1 为数据的整体趋势项,c_2 为以固体潮汐响应为主的周期项,c_3、c_4、c_5 的成分需要进一步判断。VMD 分解出的各分量按照频率由低到高排列,分解分量的幅值由大到小,而且很好地将固体潮汐分量分离了出来。

这里值得注意的是 VMD 分解后的数据无法完全重构回原始数据,其原因是在分解过程中维纳滤波已经去除了各分量的高斯噪声。为了说明 VMD 在分解过程中维纳滤波去除的噪声是高斯噪声,本书随机选取了 3 天(一天 1 440 个点)的数据进行验证。

首先将 3 天的数据进行 VMD 分解,将分解后的分量进行重构(各分量加和),用原始数据减去重构后的数据即可得到 VMD 在分解过程中去掉的数据部分。其次对得到的数据进行直方图分析。如图 6-3 可知,维纳滤波所去除的噪声的直方图基本符合正态分布。

为了进一步验证其高斯性,本书对其做了 Shapiro-Wilk 检验。Shapiro-Wilk 检验用于

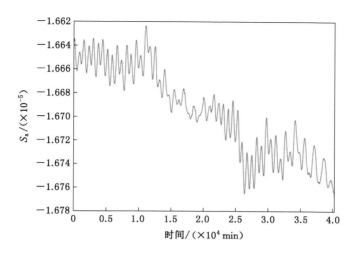

图 6-1　姑咱台 2011 年 2 月 S_a 数据曲线

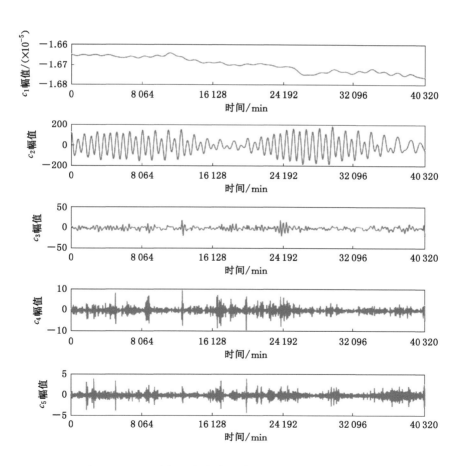

图 6-2　VMD 分解后的各分量曲线（姑咱台 2011 年 2 月）

验证一个随机样本数据是否来自正态分布,它会通过计算得到统计量 W 和 P 值。统计量 W 的最大值为 1,数据的 W 值越大,说明越服从正态分布。而当 P 大于显著水平(通常选用 0.05)时,可判断数据呈现正态分布。下面对维纳滤波所去除的噪声进行 Shapiro-Wilk 检验。

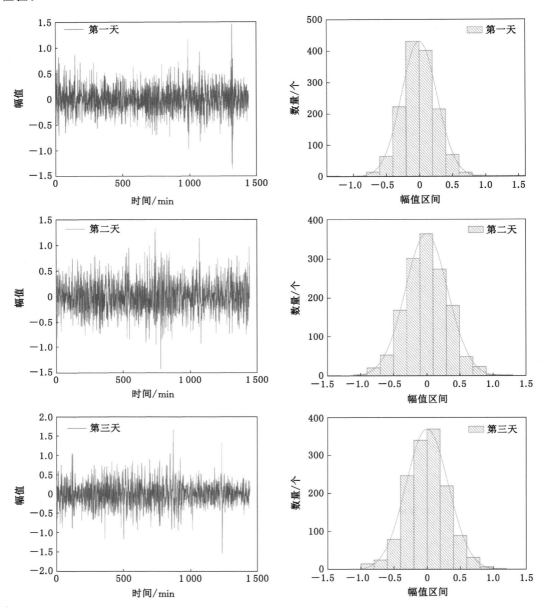

图 6-3　随机三天去除的噪声曲线及其对应的直方图

如表 6-1 所示,在 Shapiro-Wilk 检验中三天的 P 值均大于显著水平 0.05,所以不能拒绝零假设:样本来自正态分布。因此,可以确定 VMD 分解过程中维纳滤波去除的噪声主要是高斯噪声。

表 6-1　Shapiro-Wilk 检验结果

数据集	数量/个	W 值	P 值
第一天	1 440	0.989 48	0.860 93
第二天	1 440	0.992 90	0.997 51
第三天	1 440	0.990 94	0.967 77

经验模态分解能够把数据分解成为不同的本征模态函数,本征模态函数满足:① 零极点的数目必须相等或者相差 1;② 在任意时刻,极大值和极小值的包络均值为零。经验模态分解(EMD)通过递归的方式对数据进行分解,其分解层数是因数据而异的。

本书将 VMD 与经典的分解方法 EMD 进行了对比。采用 EMD 方法对姑咱台站 2011 年 2 月整月的数据进行了分解,分解结果如图 6-4 所示。由图 6-4 可知,EMD 方法将数据自适应分解为 12 个本征模态函数,由高频到低频排列。图中 imf2 与 imf3、imf4 与 imf5 在幅值和形态上十分相似,模态混叠现象严重,且 imf8 与 imf9 端点效应严重。而 VMD 能够自适应地匹配每种模态最佳的中心频率和有限带宽,可有效地克服模态混叠与端点效应问题。

6.2.4　影响因素模态的识别与去除

本书第 4 章针对影响因素对钻孔应变数据的周期干扰进行去除,本小节将采用变分模态分解的方法对钻孔应变观测数据进行分析,在去除周期干扰的基础上,根据影响因素的不同特点来判断分解后各分量所对应的成分,尝试去除气压和钻孔水位的即时干扰。

采用 VMD 方法对姑咱台站 2011 年 2 月的钻孔应变数据进行分解,其各分量时域曲线如图 6-5 所示。在图 6-5 中,S_a 为钻孔应变数据原始曲线,c_1、c_2、c_3、c_4 和 c_5 是分解后的分量。由该图容易看出,c_1 表征的是原始数据的整体趋势,由于气温主要影响着钻孔应变数据的趋势变化,因此 c_1 中也包含着气温变化的影响。

对于 c_2,本书对其做了频谱分析,其结果如图 6-6 所示。由图 6-6 可知,c_2 分量的频谱主要集中在两个频点处,经过计算 f_1 和 f_2 分别为 1.157×10^{-5} Hz 和 2.232×10^{-5} Hz,其恰好分别与固体潮汐的日波和半日波的频点对应,因此可以判断 c_2 分量的主要成分来自固体潮汐的影响。

为了进一步判断剩余三个分量所对应的影响因素,本书采用 VMD 对姑咱台站 2011 年 2 月的气压数据和钻孔水位数据进行了分解。气压数据和钻孔水位数据的时域曲线如图 6-7 所示。由图 6-7 可知,气压和钻孔水位与钻孔面应变数据 S_a 在时域上基本没有相似特征。

由于气压也受到固体潮汐的影响,所以将其分解层数定为 3 层,结果如图 6-8 所示。由图 6-8 可知,p_1 为气压的趋势项,p_2 经过频谱计算判断其为固体潮汐影响项,p_3 为气压的高频变化项。

而钻孔水位虽然也受到固体潮汐影响,但是影响不很明显,所以将其分解层数定为 2 层,结果如图 6-9 所示。由图 6-9 可知,w_1 为钻孔水位的趋势项,w_2 为钻孔水位的高频变化项。

将 p_3 和 w_2 与 c_4 和 c_5 进行对比分析,由结果如图 6-10 所示。如图 6-10 可知,p_3 在红色方框的波动在相同时间段内也出现在了 c_4 和 c_5 分量中,而 w_2 中黑色方框中的波动在相同时间段内也出现在了 c_4 和 c_5 分量中,这在很大程度上说明 c_4 和 c_5 分量主要包含了气压和

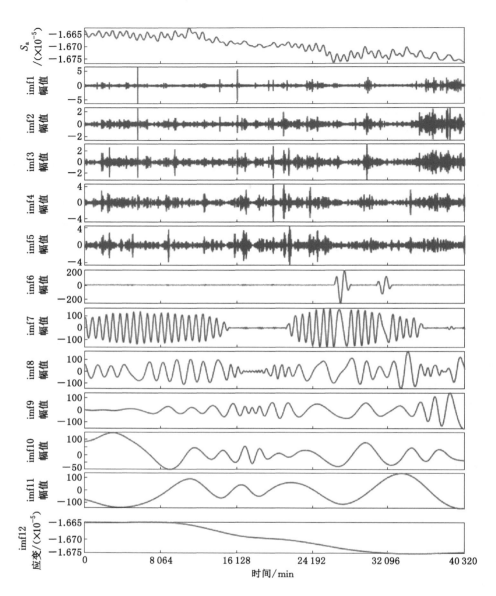

图 6-4　EMD 分解后的各分量曲线

(各分图横坐标相同)

钻孔水位的即时影响,也从侧面证明了气压和钻孔水位对钻孔应变数据有着明显的即时影响。

通过上述分析可知,图 6-5 中的 c_1 为钻孔应变数据的长周期趋势项,其中包含了气温变化的影响,c_2 是固体潮汐对钻孔应变数据产生的影响项,c_4 和 c_5 是气压和钻孔水位对钻孔应变数据的即时影响项。经过排除,c_3 可以被认为是由地壳短周期变化所影响的分量,因此本书将 c_3 作为进一步研究的分量。

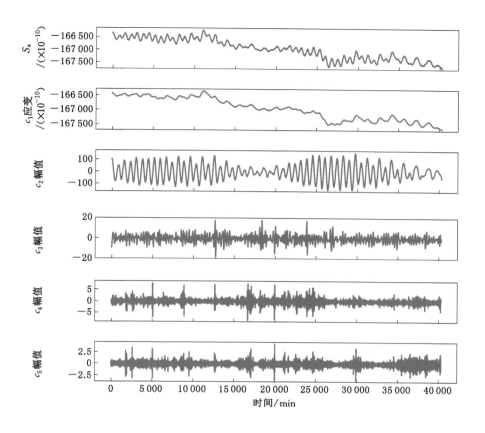

图 6-5　VMD 分解后的各分量时域曲线

(各分图横坐标相同)

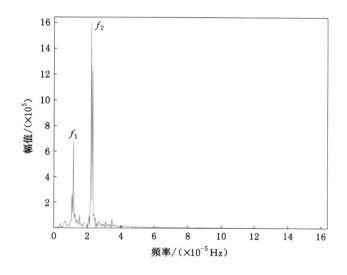

图 6-6　c_2 分量的频谱分析

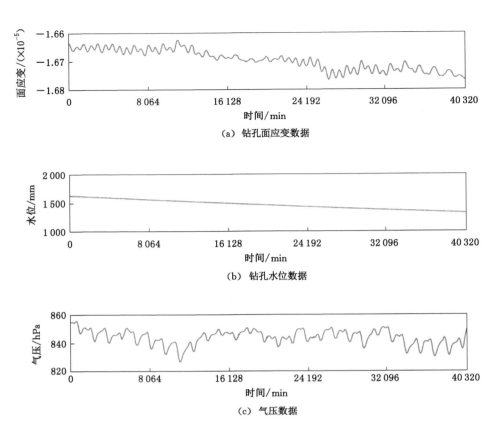

（a）钻孔面应变数据

（b）钻孔水位数据

（c）气压数据

图 6-7　钻孔面应变数据、气压数据和钻孔水位数据时域曲线

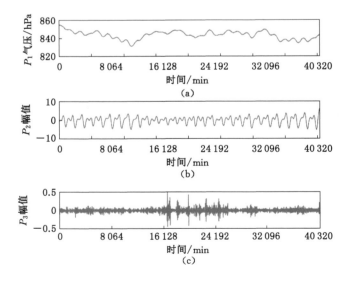

图 6-8　气压数据分解后的时域曲线

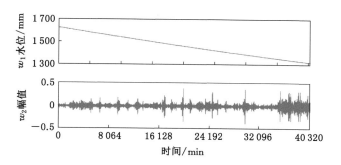

图 6-9 钻孔水位分解后的时域曲线

（分图横坐标相同）

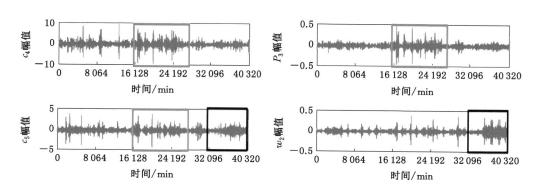

图 6-10 c_4 分量和 c_5 分量与气压和钻孔水位对比分析结果

6.3 钻孔应变数据的主成分域异常提取方法

6.3.1 主成分计算

主成分分析是一种非监督学习方法，它不使用输入信息，以满足方差最大化为准则。在投影法中，关键问题是如何找到一个从原 d 维输入空间到新的 $k(k<d)$ 维空间的具有最小信息损失的映射。

假设数据的主成分为 $\boldsymbol{\omega}$，样本（样本需要进行归一化处理）投射到 $\boldsymbol{\omega}$ 上之后需要满足样本点之间的差别最为明显，即方差最大。为了得到唯一且使得该方向成为主方向，可使 $\|\boldsymbol{\omega}\|=1$。如果有 $\boldsymbol{z}=\boldsymbol{\omega}^{\mathrm{T}}\boldsymbol{x}$（$\boldsymbol{z}$ 为 $\boldsymbol{x}$ 在 $\boldsymbol{\omega}$ 上的投影），且 $\mathrm{Cov}(\boldsymbol{x})=\boldsymbol{\Sigma}$，则有：

$$\mathrm{Var}(\boldsymbol{z})=\boldsymbol{\omega}^{\mathrm{T}}\boldsymbol{\Sigma}\boldsymbol{\omega} \tag{6-28}$$

为了求取使 $\mathrm{Var}(\boldsymbol{z})$ 在约束条件 $\boldsymbol{\omega}^{\mathrm{T}}\boldsymbol{\omega}=1$ 下最大化的 $\boldsymbol{\omega}$，可以写成如下拉格朗日问题：

$$\max_{\boldsymbol{\omega}}\left[\boldsymbol{\omega}^{\mathrm{T}}\boldsymbol{\Sigma}\boldsymbol{\omega}-\alpha(\boldsymbol{\omega}^{\mathrm{T}}\boldsymbol{\omega}-1)\right] \tag{6-29}$$

关于 $\boldsymbol{\omega}$ 求导并使其为零，有：

$$2\boldsymbol{\Sigma}\boldsymbol{\omega}-2\alpha\boldsymbol{\omega}=0 \tag{6-30}$$

则有 $\boldsymbol{\Sigma}\boldsymbol{\omega}=\alpha\boldsymbol{\omega}$，其中，$\boldsymbol{\omega}$ 是 $\boldsymbol{\Sigma}$ 的特征向量，α 是其对应的特征值。

本小节中采用 PCA 对钻孔应变数据处理的流程如下：

（1）将钻孔应变数据进行应变换算，换算成两个剪应变 S_{13}、S_{24} 和一个面应变 S_a。

（2）采用 VMD 方法将 S_{13}、S_{24} 和 S_a 分别进行分解，排除影响因素得到待研究分量 $u_{S_{13}}$、$u_{S_{24}}$ 和 u_{S_a}，并建立矩阵 Y，矩阵 Y 表达式为：

$$Y = \begin{bmatrix} u_{S_{13}} \\ u_{S_{24}} \\ u_{S_a} \end{bmatrix} = \begin{bmatrix} x_{11} & \cdots & x_{1n} \\ \vdots & \ddots & \vdots \\ x_{m1} & \cdots & x_{mn} \end{bmatrix} \tag{6-31}$$

式中　　n——采样点数，其中，$n = 1\,440$，即一天的数据；

　　　　m——数据维数。

（3）求取矩阵 $Y(m \times n)$ 的协方差矩阵 $C_Y(m \times n)$，协方差矩阵中的元素 γ_{pq} 由式（6-32）求取：

$$\gamma_{pq} = 1/(N-1) \sum_{i=1}^{N} \left[(x_p^i - \overline{X}_p)(x_q^i - \overline{X}_q) \right] \tag{6-32}$$

式中　　x_p^i, x_q^i——第 i 行的第 p 和第 q 分钟数据；

　　　　$\overline{X}_p, \overline{X}_q$—— N 行数据的第 p 和第 q 分钟数据的均值；

　　　　N——样本采样点数。

（4）对矩阵 $Y(m \times n)$ 的协方差矩阵 $C_Y(m \times n)$ 进行特征分解：$C_Y = V \Lambda V^T$，其中 Λ 是特征值矩阵且按照由大到小排列，V 是对应的特征向量矩阵。

第一主成分包含了数据的主要信息，而第一主成分特征值和特征向量反映了数据的主要特征（Hattori et al.，2004）。因此本节选取第一主成分特征值和特征向量进行研究。

主成分分析的核心是矩阵分解，矩阵分解是将矩阵拆解为数个矩阵乘积的形式，最为常见的方法是奇异值分解（Singular Value Decomposition，SVD）。奇异值分解容许分解任意形式的矩阵。而在主成分分析中不仅可以采用样本数据的协方差矩阵进行分解，还可以采用样本数据的相关系数矩阵进行分解。采用协方差矩阵进行分解的优势表现在可以很好地呈现方差大、相关程度高以及相关指标数多的一类指标上；采用相关矩阵进行分解的优势只表现在相关指标数多、指标之间相关程度高的一类指标上（朱晓峰，2005）。

本节选择对钻孔应变数据的协方差矩阵进行分解，主要原因是在四分量钻孔应变仪中进行观测时，由于各分量探头的方向不同，会存在异常变化不会同时表征在四个分量上的情况，如果选择对钻孔应变数据的相关矩阵进行分解，则易出现主成分特征遗漏的情况。

6.3.2　特征值异常累计与特征向量角度换算

方差是用来度量样本变异程度的总体参数，方差越大表明该变量的变异程度越大。协方差是用来度量两个样本间相互影响程度的参数，协方差绝对值越大，样本间相互影响程度越大。而主成分分析变换过程中，样本协方差矩阵只发生旋转和伸缩变化，如果矩阵对某个向量或某些向量只发生伸缩变换，不产生旋转变换，那么这些向量就是矩阵的特征向量，伸缩的比例就是特征值。本书采用 PCA 方法对钻孔应变数据的协方差矩阵进行特征分解，选取第一主成分的特征值和特征向量进行分析。

对特征值 λ 进行分析，求取特征值的均值 m 和标准差 σ，定义异常特征值 $\overline{\lambda}$ 满足以下关系：

$$\bar{\lambda} \in \{\lambda > m + \sigma\} \tag{6-33}$$

为了更加清楚地表达异常特征值变化特点,本书计算了随着时间 t 变化异常特征值的累计数 $N(t)$,如式(6-34)所示:

$$N(t) = \sum N(\bar{\lambda}(t)) \tag{6-34}$$

前文提到本书对去除影响因素后的 $u_{S_{13}}$、$u_{S_{24}}$ 和 u_{S_a} 进行主成分分析,因此第一主成分特征向量 $\boldsymbol{v} = [V_1, V_2, V_3]^T$ 是三维向量,为了更加直观地表达特征向量的变化特征,本书将特征向量进行了角度换算,所建立的一个单位球坐标系如图 6-11 所示。

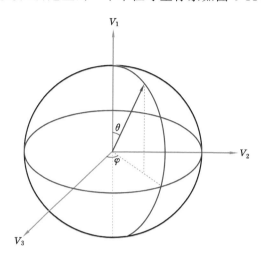

图 6-11　特征向量角度换算单位球坐标系

图中 θ 和 φ 分别是换算后的两个角度,其表达式为:

$$\begin{cases} \theta = \arccos(V_3 / \sqrt{V_1 + V_2 + V_3}) \\ \varphi = \arcsin(V_2 / \sqrt{V_1 + V_2}) \end{cases} \tag{6-35}$$

式中　　V_1, V_2, V_3 ——特征向量 $\boldsymbol{v}$ 中的对应元素。

6.3.3　主成分域的构建

为了能更好地观测钻孔应变数据在长时间内的变化,本书根据计算的特征值 λ 与变换后的特征向量角度 θ 和 φ 构建了主成分域。主成分域示意图见图 6-12。

如图 6-12 所示,以 2009 年 5 月为例,横纵坐标分别是特征向量角度 θ 和 φ,特征值 λ 的大小则通过 colorbar 的颜色来表示。本书研究的目的是研究地震前钻孔应变异常的中长期变化,因此研究的数据时间段一般为一年到两年,对于短期异常和临震异常,可采用特征值异常检测来观察,观测最小单位为天。

中期异常采用主成分域的异常来呈现,为了更加清晰地观察震前钻孔应变异常随时间的中期变化,观测最小单位为月。主成分域可以清晰地展现大地震前钻孔应变数据的空间变化特征,特征向量角度确定了数据的空间位置信息,特征值大小呈现了数据异常的变化程度。

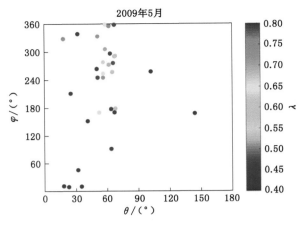

图 6-12　主成分域示意图

6.3.4　钻孔应变数据主成分域异常特征分析及提取

1. 主成分域异常特征分析

在主成分域中,特征向量角度和特征值从不同的角度呈现了钻孔应变数据的变化特征,本节采用仿真的混合信号研究主成分域中的异常特征。首先,分别采用钻孔应变观测信号中提取的应变异常与一次地震的同震异常来构建混合信号,正常天的数据采用高斯信号来代替。混合信号曲线如图 6-13 所示,构造的数据长度为 10 天(一天 1 440 个点),黑色框中的异常信号是同一台站的同一仪器在相同时间记录的应变异常,因此两处异常属于同类异常;红色框内的是某次地震的同震异常信号。

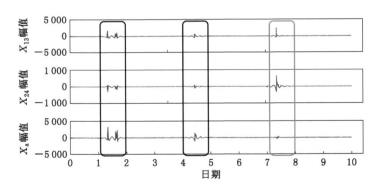

图 6-13　混合信号曲线
(各分图的横坐标相同)

构建矩阵 $\boldsymbol{X} = \left[X_{13}, X_{24}, X_{a}\right]^{T}$ 并对其进行主成分分析计算。第一主成分特征值与特征向量角度结果如图 6-14 所示。由图 6-14 可知,特征值和特征向量将三处异常都检测了出来,异常在特征值上表现出幅值上的不同;而两个相似异常在特征向量角度上表现出高度相似,并且与同震异常有着较大的区别。

混合信号的主成分域示意图见图 6-15。图中由于正常天是高斯信号,因此正常天都集

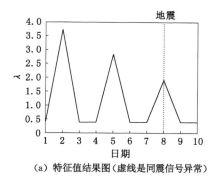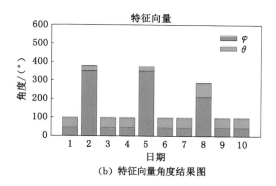

(a) 特征值结果图(虚线是同震信号异常)　　　(b) 特征向量角度结果图

图 6-14　第一主成分特征值和特征向量角度结果图

中在蓝色点上;同震异常的特征值能量较高且位于主成分域的中部区域;两个相似的异常天则分布在 $\varphi=360°$ 附近且呈现聚集现象。

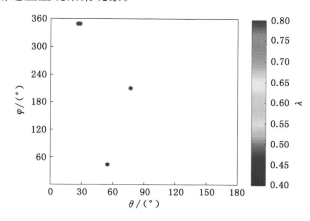

图 6-15　混合信号的主成分域示意图

　　主成分分析的核心是对数据的协方差矩阵进行特征分解,特征值和特征向量表征着协方差矩阵的部分特性。混合信号的协方差矩阵直方图如图 6-16 所示,由图 6-16 可看出,同类异常天的协方差矩阵呈现出相似的结构,并且都与同震异常天的协方差矩阵不同。

　　结合图 6-14 可知,这种结构上的相似是反映在特征向量上的相似,而特征值反映的是协方差矩阵的幅值。由仿真实验结果可知,在主成分域中可以直观呈现数据的整体变化,相同类型的数据会呈现出相似的现象。因此在实际的异常提取中,异常数据只有特征值出现异常并且特征向量角度分布呈现相似现象时,称此类异常是同类异常。

　　综上所述,主成分域钻孔应变数据异常提取方法不仅可以有效地提取到应变异常,而且可以直观判断出提取到的异常之间的相关性。

　　2. 主成分域异常提取

　　特征值、特征向量角度和主成分域从不同角度表征钻孔应变数据的不同特征,特征值、特征向量角度和主成分域中的异常识别和提取方法如下:

　　(1) 对于特征值异常可采用特征值的均值和标准差的方式进行提取,将超出一倍均值标准差的特征值视为异常;按照式(4-30)将特征值进行异常累计,观察累计拟合曲线特征。

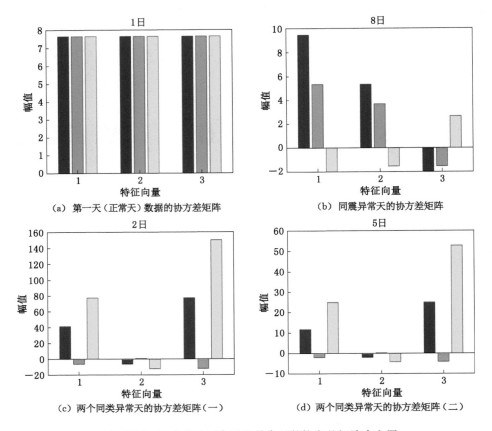

图 6-16   混合信号正常天和异常天的协方差矩阵直方图

（2）为了检测相似的特征向量,采用相似性度量方法对研究时间段内每天的特征向量角度进行检测,相似性度量的标准可表示为:

$$d = \sqrt{(\theta - \theta_i)^2 + (\varphi - \varphi_i)^2}, i = 1, 2, \cdots, n \qquad (6\text{-}36)$$

式中　　θ, φ——芦山地震前几天的特征向量角度的均值;

　　　　θ_i, φ_i——待测天的特征向量角度。

（3）对主成分域异常进行异常提取时,以特征值和特征向量角度异常提取结果为基础,分析并推断异常的时-空变化特征。

在对实际震例进行主成分异常提取时,要综合分析异常在特征值、特征向量角度和主成分域中的不同特征,结合现有的地震机理对提取到的异常进行分析和解释。

6.4　震例分析

6.4.1　芦山地震前钻孔应变数据主成分域异常提取

为了验证算法的有效性,本节采用基于变分模态分解的钻孔应变数据主成分域异常提取方法对芦山地震进行分析(Zhu et al.,2018)。姑咱台距离芦山地震震中 72 km,二者位置如前文中图 4-12 所示。

选取 2011 年 1 月 1 日到 2013 年 12 月 31 日的四分量钻孔应变数据进行分析,四个分量的数据如图 6-17 所示。如图 6-17 所示,前三个分量呈现出明显的年周期变化且受每年的大渡河影响十分明显。第四分量的年周期变化受大渡河影响不很明显,这与探头的安装方向有关。

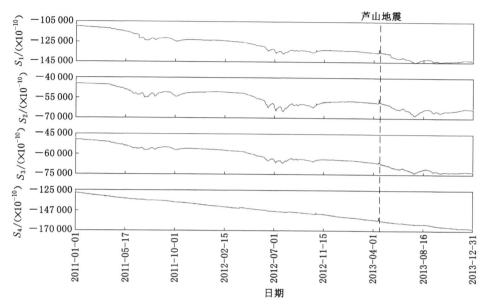

图 6-17　四分量钻孔应变观测数据曲线

(各分图横坐标相同)

首先计算待分析钻孔应变数据的自洽系数,经过计算自洽系数 $k = 0.988\ 5$,证明数据是准确有效的,其次将四分量钻孔应变观测数据应变换算为两个剪应变(S_{13}、S_{24})和一个面应变 S_a,应变换算后的曲线如图 6-18 所示。如图 6-18 所示,两个剪应变和一个面应变都呈现出大渡河的影响,数据的变化趋势也各不相同。两个剪应变依稀可以观察到应变固体潮现象。

对应变换算后的数据进行 VMD 分解,去除影响因素后的数据曲线如图 6-19 所示。如图 6-19 所示,两个剪应变和一个面应变中的趋势和应变固体潮现象已经去除,可以明显观察到高频异常。

对去除影响因素的数据进行主成分分析,其特征值结果如图 6-20 所示,分别记为 P_1、P_2、P_3。图 6-20 中红色虚线是特征值的均值范围,红色点线是均值与一倍标准差之和,本书将超过均值与一倍标准差之和的特征值视为异常值。由图 6-20 可知,特征值异常值主要集中在 2012 年 10 月 25 日—12 月 30 日和 2013 年 4 月 15—19 日两个时间段,后者发生在地震前几天。地震发生之后特征值仍出现了大量的异常。此外,芦山地震前的 2011 年 1 月 28 日、2011 年 3 月 24 日、2011 年 6 月 23 日、2011 年 10 月 7 日、2011 年 10 月 9 日、2012 年 3 月 29 日、2012 年 8 月 31 日也出现了异常值。

为了更清晰地观察异常数目的变化特征,对特征值进行了异常数目累计,结果如图 6-21 所示。

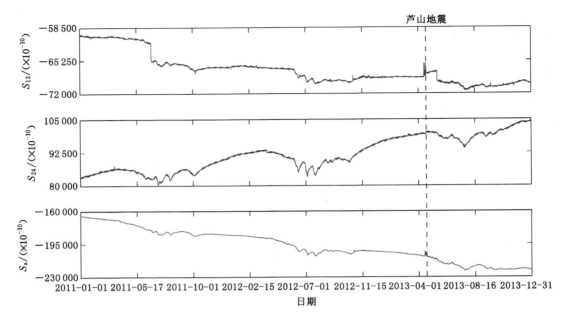

图 6-18　应变换算后的数据曲线

（各分图横坐标相同）

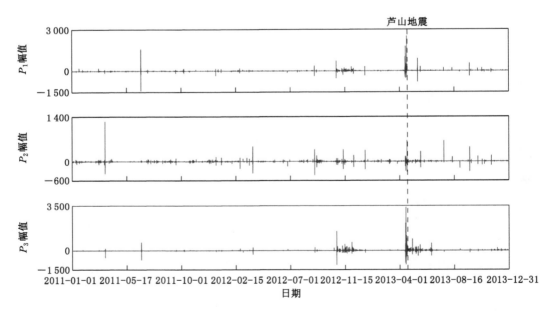

图 6-19　去除影响因素后的数据曲线

（各分图横坐标相同）

由图 6-21 可知,本书对这两处异常进行了 Sigmoidal(S 型)曲线拟合,可以清晰地看出 2011 年 1 月到 2012 年 10 月特征值异常数目缓慢增加,从 2012 年 10 月开始到 2012 年 12 月特征值异常呈 S 型增长,直到芦山地震前几天以及地震之后相似的特征值异常现象再次出现。地震之后异常天大量出现,这是因为大地震后地壳不稳定,由于余震等影响产生大量应变

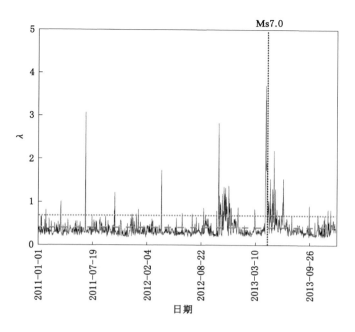

图 6-20　姑咱台钻孔应变数据第一主成分特征值日变化图

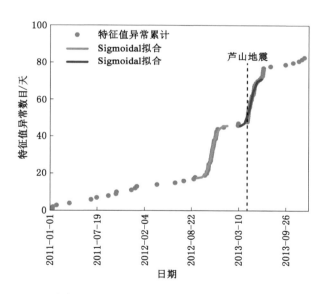

图 6-21　姑咱台钻孔应变数据第一主成分特征值异常累计结果图

异常。

　　邱泽华等从不同角度验证了地震前几天出现的异常在时间和空间上与芦山地震有很大的相关性。2012 年 10 月 25 日至 12 月 30 日期间发生的异常与震前发生的异常之间似乎有一定的相关性。为了进一步研究这两处异常的关系,本节分析了这两处异常对应的特征向量角度分布情况。

　　在本章的 6.3.4 小节中通过仿真数据得出,同类异常会有相似的特征向量角度分布特征,因此将芦山地震前几天的异常假设为确定异常,然后找到出现此类异常的天,来判断两处异常是否存在联系。

首先将 2013 年 4 月的特征向量换算成角度,图 6-22 是其特征向量角度分布图。由图 6-22 可知,芦山地震前的几天(2013 年 4 月 15—19 日)特征向量角度呈现相似的分布,而在 2013 年 4 月 3 日和 2013 年 4 月 6 日也出现了类似的特征向量分布。

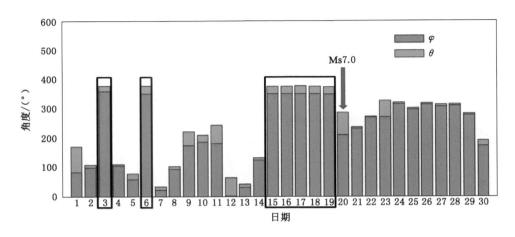

图 6-22　2013 年 4 月的特征向量角度分布图

其次根据式(6-36)进行相似性度量分析,选取 $0 \leqslant d \leqslant 15$,待测天的特征向量角度被认为与震前几天的特征向量角度相似,检测结果如图 6-23 所示。

为了方便观察,将结果按月进行呈现。图 6-23 中有与震前几天特征向量角度分布相似的天,可以看到 2011 年 1 月、5 月,2012 年 5 月、7 月、8 月,2013 年 2 月、6 月、7 月、9 月、10 月 的个别天出现了相似的特征向量角度分布,而在 2012 年 10 月—2013 年 1 月和震前几天相似异常天大量出现。值得注意的是,对比图 6-20 相似的特征向量角度分布并没有发生在 2011 年 1 月 28 日、2011 年 3 月 24 日、2011 年 6 月 23 日、2011 年 10 月 7 日、2011 年 10 月 9 日、2012 年 3 月 29 日、2012 年 8 月 31 日这些特征值异常的天,同样在 2013 年 1 月出现了大量特征向量角度与震前几天相似的分布,但是在特征值上却没有出现异常,并且震后出现的大量特征值异常的天在特征向量上没有出现与震前几天相似的分布。因此,判断这类异常并不是同类异常。

利用计算所得的第一主成分特征值和特征向量角度构建主成分域,如图 6-24 所示,从 2011 年 1 月到 2012 年 9 月特征向量角度呈现无规则分布,偶尔会出现不连续的特征值异常的现象。如图中黑色箭头所示,从 2012 年 10 月起大量特征值异常的天开始出现,这些天的特征向量角度分布在图中表现为聚集现象,并且聚集位置十分相似,此类异常一直持续到 2012 年 12 月,在芦山地震前此类异常再次出现。

6.4.2　主成分域异常与芦山地震的关联性分析

主成分域中芦山地震前的钻孔应变数据异常发生在 2012 年 10—12 月与芦山地震前几天,本小节将对主成分域异常与芦山地震的关联性进行分析。

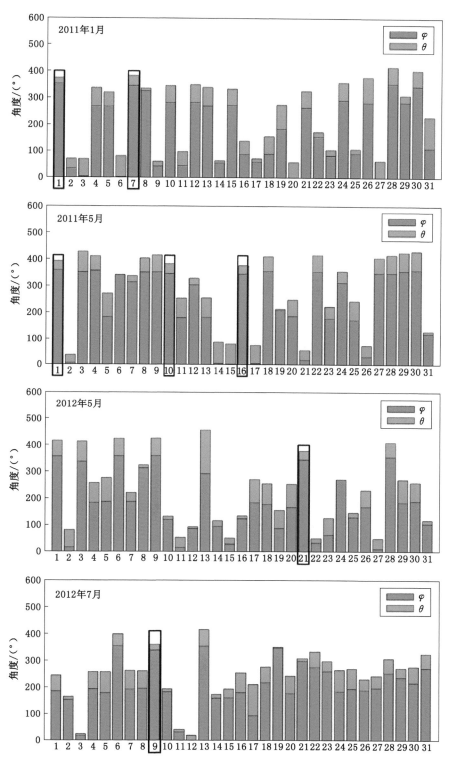

图 6-23　姑咱台钻孔应变数据第一主成分特征向量角度异常提取结果

（各分图横坐标名称均为日期）

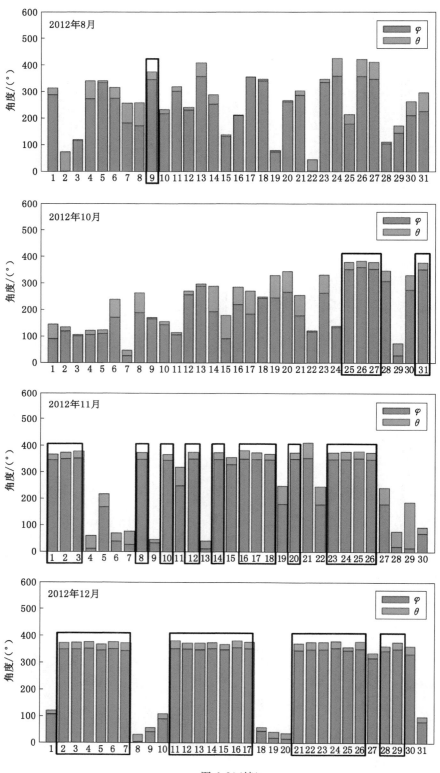

图 6-23（续）

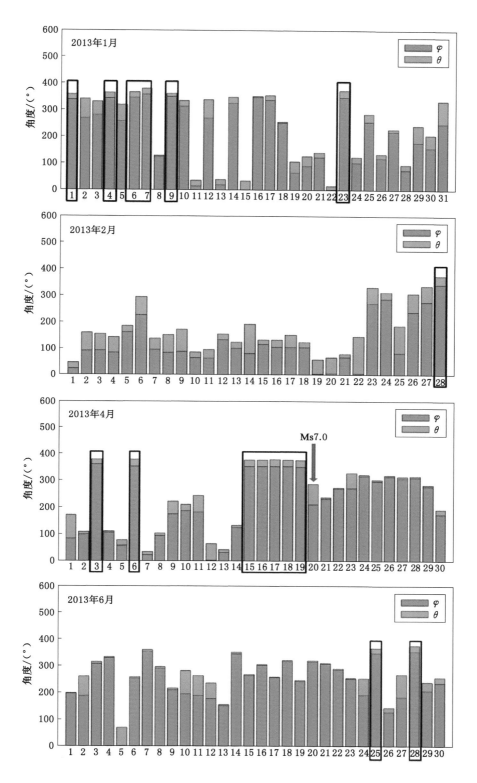

图 6-23(续)

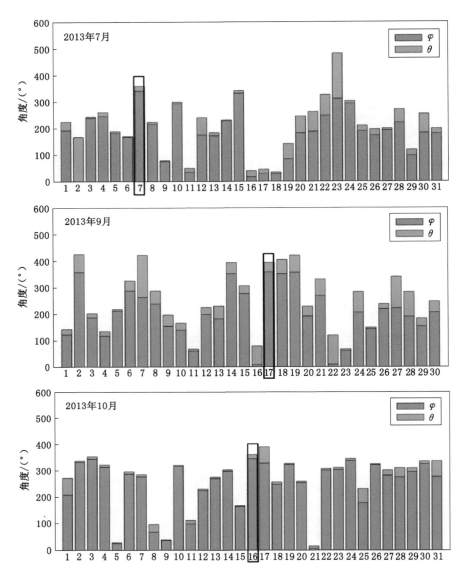

图 6-23(续)

　　(1) 根据邱泽华提出的识别地震前兆的三个自然判据:姑咱台有正常的背景;提取到的异常并不是其他干扰引起的(通过查阅日志记录);异常的变化特征符合地震孕育的机理。遗憾的是,目前还没有发现其他台站钻孔应变数据出现类似异常,其可能的原因是:距离芦山地震震中 200 km 范围内只有姑咱台站有钻孔应变观测,并且姑咱台仅距离芦山地震震中 72 km。此外邱泽华等对姑咱台记录到的异常进行了排查,证明了这些异常极有可能与芦山地震有关。

　　(2) 基于变分模态分解的钻孔应变数据主成分域异常提取方法提取到了两处异常(2012 年 10—12 月和地震前几天),在特征值分布和两处异常的累计拟合曲线图中可以清晰地识别这两处异常。随机选取姑咱台 2009 年 3—6 月钻孔应变数据进行分析,得出的异常

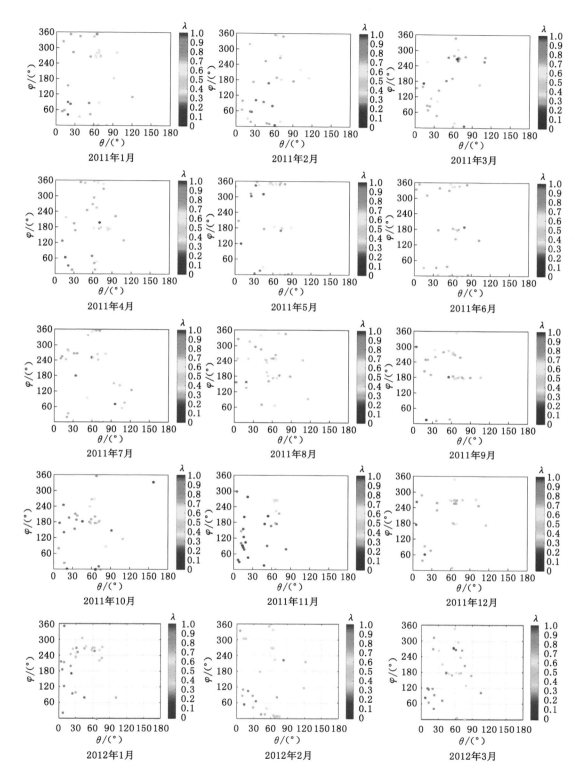

图 6-24　芦山地震主成分域图

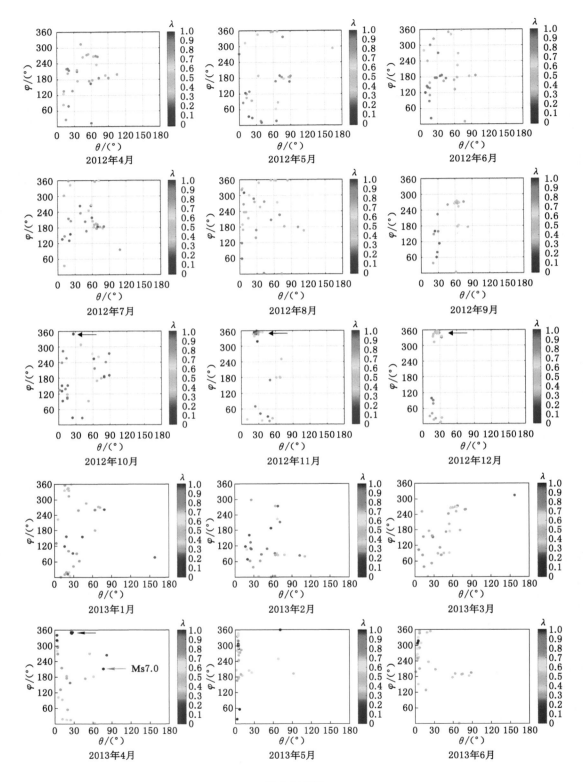

图 6-24(续)

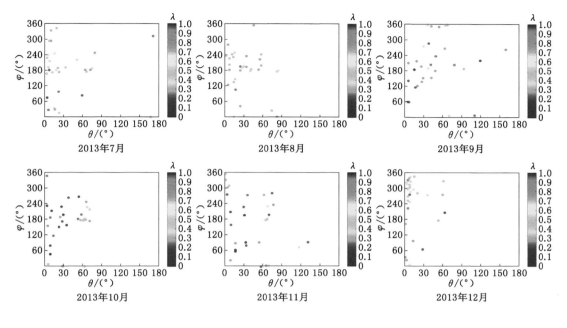

图 6-24（续）

累计结果如图 6-25 所示。与图 6-21 对比可知，一般情况下姑咱台钻孔应变数据第一主成分特征值异常累计拟合曲线呈近乎直线的现象，异常特征值平稳增长，在图 6-21 中的 2011 年 1 月到 2012 年 8 月期间第一主成分特征值异常累计结果也呈现相似的现象，而在芦山地震前的异常特征值呈现 S 型增长，与一般情况不符。

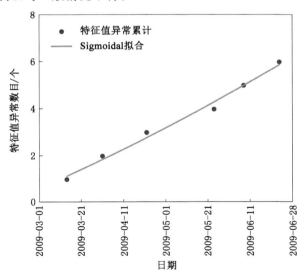

图 6-25　姑咱台 2009 年 3—6 月钻孔应变数据特征值异常累计结果

（3）通过特征向量的对比发现两处异常的特征向量角度呈现相似的分布，并且在主成分域中可以发现两处异常在空间上都聚集在相同位置，呈现出相似的分布。由于大地震后地壳已经发生破裂，断裂处仍然会长时间处于不稳定的状态（如发生大量余震），观察震后主成分域分布可以发现，地震发生后（2013 年 5 月和 6 月）主成分域的分布也十分相似（$\theta \in [0°, 10°]$，$\varphi \in [240°, 360°]$）且特征值出现异常，而且在 2013 年 4 月芦山地震发生后也呈现出相似的现象，这些都属于震后异常，并且这些异常在震后主成分域中也呈现相似的分布，这也说明主成分域可以清晰地表达出同类异常的特征，因此可以推断芦山地震前提取到的两处异常属于相同类型的异常。由于地震前几天的异常与芦山地震有着很强的相关性，2012 年 10 月到 12 月的异常也极有可能与芦山地震相关。

为了进一步验证芦山地震异常提取的有效性，本书利用古登堡-里克特定理对汶川地震前地震目录数据进行了分析。古登堡-里克特定理如式（6-37）所示：

$$\log N = a - bM \tag{6-37}$$

式中 a ——反映了区域的地震活动；

       b ——反映了区域内地震的相对比例，b 值的变化可以反映地下介质的应力状态。

选取龙门山断裂带 2011 年 1 月—2014 年 1 月的地震目录数据进行研究，其结果如图 6-26 所示。

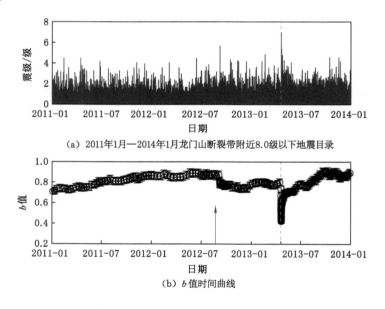

（a）2011年1月—2014年1月龙门山断裂带附近8.0级以下地震目录

（b）b 值时间曲线

图 6-26   2011 年 1 月—2014 年 1 月龙门山断裂带附近 8.0 级以下
地震目录与 b 值时间曲线

如图 6-26（a）所示，在 2011 年 1 月—2014 年 1 月期间只发生过一次 7.0 级地震（芦山地震），图中红色虚线位置为芦山地震发生时间。图 6-26（b）为 b 值时间曲线，由该图可以看出 2012 年 7 月之前 b 值呈现缓慢上升的趋势且相对稳定；从 2012 年 9 月（蓝色箭头处）开始有一个明显的快速下降，并且直到芦山地震前 b 值都呈现出较低的值。芦山地震前 b 值时间曲线呈现出的现象与主成分域呈现出的现象基本吻合，这说明本节提取到的芦山地震前钻孔应变数据异常是可靠的。

6.4.3　汶川地震前钻孔应变数据主成分域异常提取

为了进一步验证算法的有效性,本节采用基于变分模态分解的钻孔应变主成分域异常提取方法对汶川地震前后的钻孔应变数据异常变化进行分析,选取姑咱台站作为研究台站。北京时间 2008 年 5 月 12 日 14:28 中国四川省汶川县发生了 8.0 级特大地震,震中坐标为 (31.01°N,103.42°E)。姑咱台站距离汶川地震震中 153 km,如前文中图 4-18 所示,图中黄色五角星代表汶川地震震中位置。

选择对 2007 年 1 月 1 日—2008 年 12 月 31 日四分量钻孔应变分钟值数据进行分析。然后将四分量钻孔应变观测数据应变换算为两个剪应变(S_{13}、S_{24})和一个面应变 S_a,应变换算后的曲线如图 6-27 所示。

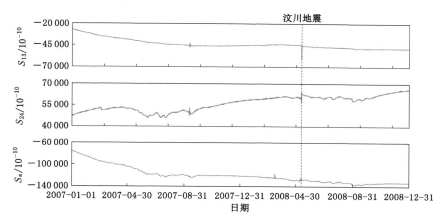

图 6-27　姑咱台钻孔应变观测数据应变换算后曲线图

(各分图横坐标相同)

采用 VMD 算法将 S_{13}、S_{24} 和 S_a 分别进行分解,并通过分析判断去除影响因素,确定与地壳应变相关的分量 P_{13}、P_{24} 和 P_a,其曲线如图 6-28 所示。

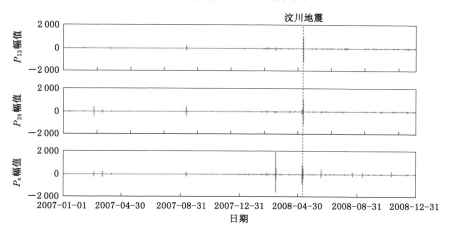

图 6-28　去除影响因素后的数据曲线图

(各分图横坐标相同)

为了避免时间上的混叠,对每天的数据进行主成分分析。计算出第一主成分特征值和特征向量,并将特征向量换算成角度。特征值结果如图 6-29 所示,图中红色虚线是特征值的均值,红色点线是均值加标准差。

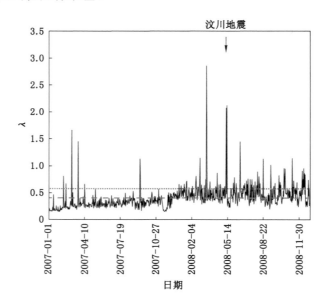

图 6-29　姑咱台钻孔应变数据第一主成分特征值日变化图

由图 6-29 可知,2008 年 1 月之前存在较少的特征值异常,从 2008 年 1 月开始出现大量特征值异常直到地震发生。

为了更清晰地表达特征值异常数目的变化,对其进行了异常累计,并对结果进行 Sigmoidal 拟合,结果如图 6-30 所示。由图 6-30 可知,红色曲线和蓝色曲线分别是地震前后特征值异常数目的 Sigmoidal 拟合结果。从汶川地震发生前的 4 个月开始(2018 年 1 月)到地震发生前特征值异常数目不断增加,而在地震发生之后特征值异常数目以更快的速度增长。正是在这种大地震发生之后,地壳应力重新调整时必然会产生大量的异常事件。然而震前 4 个月内的异常变化有可能是汶川地震前的短期前兆现象。

为了进一步分析汶川地震是否存在中期前兆异常,本次进行了主成分域异常分析,如图 6-31 所示。由图 6-31 可知,在 2007 年 6 月之前特征向量角度出现聚集现象,呈现出稳定的状态。在某种程度上,这反映了应力水平在不同时期的空间分布是均匀的,并且随着时间的推移是稳定的(Kaiying et al.,2018)。从 2007 年 6 月开始到 2007 年 12 月,特征向量角度呈现纵向扩散现象,这可能是由于应变释放增加并扩散稳定(Ma et al.,2014)。从 2008 年 1 月开始,特征向量角度开始出现横向扩散现象,特征值也开始出现异常,这种现象有可能是由于在汶川地震成核的过程中附近区域地壳介质的连续性被破坏,钻孔周围介质的完整性开始发生显著变化,它反映了地壳的加速不稳定(Chi et al.,2014)。汶川地震发生之后,特征向量仍然显示扩散现象,异常特征值大量出现。我们推断这种现象是大量余震以及断层极不稳定的状态造成的,汶川地震的发生时间恰好位于两拟合曲线的拐点处。

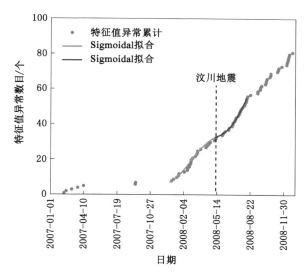

图 6-30　姑咱台钻孔应变数据第一主成分特征值异常累计结果

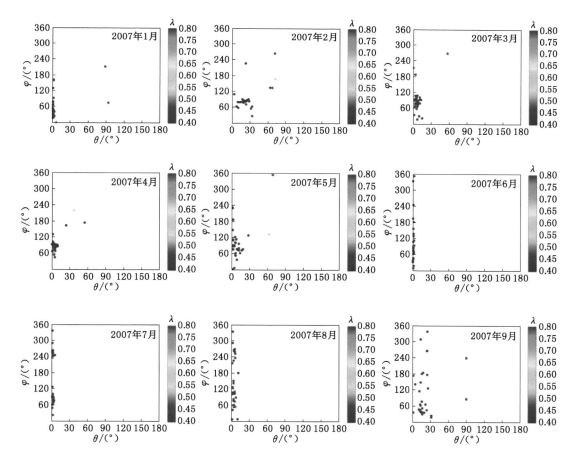

图 6-31　汶川地震主成分域图

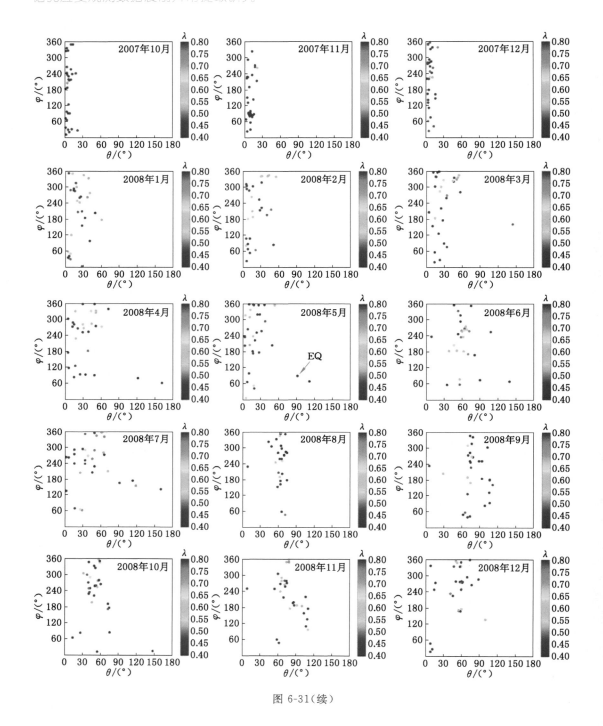

图 6-31（续）

6.4.4 主成分域异常与汶川地震的关联性分析

本节将对主成分域异常与汶川地震的关联性进行分析。

（1）根据邱泽华提出的识别地震前兆的三个自然判据：姑咱台有正常的背景；提取到

的异常并不是其他干扰引起的（通过查阅日志记录）；异常的变化特征符合地震孕育的机理。

（2）由第一主成分特征值异常累计结果（图 6-30）可以清晰地看出汶川地震前后特征值异常呈现 S 型增长，与姑咱台钻孔应变数据第一主成分特征值异常累计拟合曲线的一般情况（图 6-25）不符。为了研究除了姑咱台是否还有其他台站记录到这种异常现象，本节对小庙台和仁和台的钻孔应变数据进行了分析。图 6-32 是汶川地震震中与姑咱台、小庙台和仁和台的位置示意图。小庙台距离汶川地震震中 362 km，仁和台距离汶川地震震中 526 km。

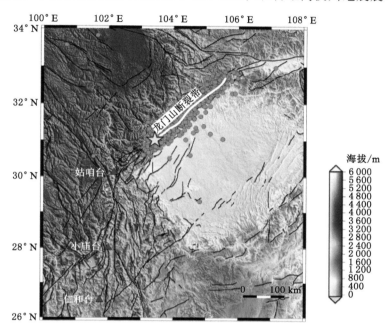

图 6-32　汶川地震震中与姑咱台、小庙台和仁和台位置示意图

采用基于变分模态分解的主成分域异常提取方法对两台站钻孔应变数据进行分析，特征值异常累计如图 6-33 所示。由图 6-33 可以看出，小庙台在 2008 年 2 月开始到汶川地震前异常累计拟合曲线（红色曲线）也呈现出与姑咱台相似的现象；而仁和台的特征值异常较少，拟合曲线（蓝色曲线）趋近于直线。出现这种情况的原因可能是：小庙台相对于仁和台距离汶川地震震中更近，记录到了地震前的异常现象；仁和台距离较远，没有记录到震前异常现象。

（3）马瑾等（2014）认为由于断层上不同部位相互作用，断层各部位由独立活动逐渐转变为协同化活动，而断层活动协同化程度是判定断层所处应力状态的一个标志。断层活动协同化过程一般包括 3 个阶段：第 1 阶段发生在偏离线性阶段，断层上不同部位的应变开始分化，出现孤立的应变释放区和积累区；第 2 阶段应变释放区的平稳扩展与亚失稳前期准静态失稳有关，断层上孤立应变释放区增多，并出现稳态扩展；第 3 阶段相当于亚失稳的后期，即准动态失稳阶段，断层上的应变释放区加速扩展，积累区应变水平加速提高。

在汶川地震的主成分域图中，2007 年 6 月之前特征向量角度呈现出聚集现象，并且保

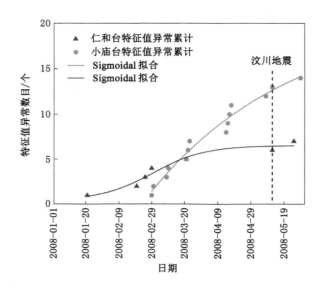

图 6-33　小庙台和仁和台第一主成分特征值异常累计结果

持稳态。从 2007 年 6 月和 7 月开始,特征向量角度呈现纵向扩散现象,表明断层不同部位的应变开始分化,这种现象与断层活动协同化过程的第 1 阶段相对应;2007 年的 8 月到 2007 年 12 月,特征向量呈现出稳定的横向扩散现象,与断层活动协同化过程的第 2 阶段相对应;2008 年 1 月到汶川地震前,特征向量仍然呈现出横向扩散现象,而特征值开始出现大量异常,进入亚失稳的后期,对应着断层活动协同化过程的第 3 阶段。

　　以马瑾的理论为基础,王凯英等(2018)针对汶川地震进行了亚失稳过程研究。研究结果表明 2004 年 8 月至 2007 年 6 月期间该区域归一化有效平均应力水平相对较低且分布均匀,随时间推移无明显变化;而 2007 年 6 月后至汶川主震发生前应力水平局部显著增强。基于不同时段的定量应力进一步获得了随时间演化的增量场,显示 2007 年 6 月后除了汶川附近和彭州市附近为应力增强区,其他大部分区域表现为幅值相对较低的应力释放,这表明研究区在 2007 年 6 月后应力水平明显弱化;而在 2007 年 6 月之前的应力增量场却显示区域应力随时间以积累为主。而这一结论与主成分域提取到的汶川地震前出现的现象一致。史海霞等(2018)对 2000 年 1 月—2008 年 4 月间的龙门山断裂带附近的地震目录进行了分析,b 值的时间曲线表明,自 2007 年中至发震前 b 值连续下降,且下降幅度越来越快,2008 年初 b 值出现大幅度的下降,这些异常现象的时间点与钻孔应变数据主成分域异常变化的时间点基本吻合。这表明特征向量角度的变化有可能反映着汶川地震前附近地壳活动的特征,真实反映了汶川地震的孕震过程。

　　与芦山地震震前提取到的异常特征不同,汶川地震前出现的异常并没有呈现出特征值异常同时特征向量角度分布相似的现象,这是由于不同地震前周围地壳活动的机理和特征是不同的。

　　综上所述,由地震前兆判据、随机时间对比和不同台站对比分析可知,主成分域中呈现出的异常与汶川地震有着很强的相关性。

6.5　小　　结

本章采用变分模态分解的方法去除了影响因素对钻孔应变数据产生的周期干扰和即时干扰。首先通过建立新的状态空间模型确定变分模态分解的分解层数;其次通过变分模态分解将钻孔应变数据与影响因素进行有效的分离;再其次将分解后的各模态与影响因素进行对比分析,去除相应的影响因素模态,得到与地壳活动相对应的模态并做进一步研究;最后通过建立主成分域提取钻孔应变数据的地震相关异常。为了验证算法的有效性,以芦山地震和汶川地震为例,分析了姑咱台的钻孔应变数据并提取到了两次地震的震前异常,还对地震与异常进行了关联性分析。

第7章 结论与展望

钻孔应变数据除了可以记录到与地壳活动相关的信息外,还会受到应变固体潮、气温、气压和钻孔水位的干扰,严重影响了震前异常的识别和提取。本书直接对钻孔应变数据进行非线性分解,根据影响因素频率统计特性及数据形态特征,判断并去除影响因素;从能量和空间分布的角度对震前异常进行提取,通过随机时间对比及统计分析的方法分析异常与地震之间的关联性。本书主要的研究工作和研究成果如下:

(1)基于钻孔应变观测原理,采用自洽原理验证了钻孔应变数据的有效性;阐述了固体潮的理论计算,对应变固体潮进行了时频域特征分析,通过实例分析得出钻孔应变数据中的周期现象是受应变固体潮谐波影响的,在一定程度上应变固体潮会掩盖钻孔应变数据中的地壳活动信息;分别对气温、气压、钻孔水位进行了特征分析,得出气温变化、气压变化和钻孔水位变化会对钻孔应变数据产生周期影响,气压和钻孔水位变化还会对钻孔应变数据产生即时影响;通过对气温数据、气压数据和钻孔水位数据进行频率统计分析,建立了影响因素频率(周期)统计表,影响因素严重干扰了钻孔应变异常的提取和识别,必须进行去除。

(2)采用最小噪声分离的方法去除了钻孔应变数据中的应变固体潮影响。根据应变固体潮的影响在钻孔应变数据中占据主导地位的特点,采用最小噪声分离方法,通过信号和噪声互置,将钻孔应变数据分解为按信噪比排列的最小噪声分离成分,应变固体潮影响集中在低阶成分,基于应变固体潮的频率统计特性判断并去除应变固体潮对应的最小噪声分离成分,重构剩余最小噪声分离成分达到去除应变固体潮的目的。仿真实验、芦山和汶川的震例研究表明,该方法能够有效去除应变固体潮影响并能很好地保留异常形态。

(3)采用希尔伯特-黄变换的方法去除了钻孔应变数据中的影响因素周期干扰并进行了瞬时能量异常提取。对钻孔应变数据进行集合经验模态分解(EEMD),将数据分解成多个模态,比对频率统计表判断并去除相应模态;计算剩余模态的瞬时能量,选择合适的阈值提取瞬时能量异常,采用异常累计的手段分析了瞬时能量异常与地震的相关性。芦山地震震例研究表明,该方法去除了应变固体潮、气温、气压和钻孔水位的影响,提取到了姑咱台钻孔应变观测数据震前异常,且瞬时能量很好地表征了震前异常的时间信息。

(4)采用变分模态分解的方法去除了影响因素对钻孔应变数据产生的周期干扰和即时干扰。利用新的状态空间方程确定了分解层数,采用变分模态分解的方法将钻孔应变数据分解成五个有限带宽模态,根据影响因素的时域、频域特性去除其对应的模态,找出与地震活动相对应的模态;对该模态进行主成分计算并求出特征值与特征向量角度,采用阈值分析和相似性分析法提取特征值和特征向量异常;采用主成分域的方法分别针对芦山地震和汶川地震前姑咱台钻孔应变数据进行分析,提取到了震前异常,并采用随机时间和多台站对比的手段对异常与地震的关联性进行了分析,结果表明提取到的异常与地震有很强的相关性。震例分析的结果还表明变分模态分解实现了对钻孔应变数据的有效分离,用主成分域异常提取方法不仅可以提取到钻孔应变异常,还可以反映一些地壳长期活动的信息。

综上所述,本书采用数据分解的方法去除钻孔应变数据中影响因素的干扰,利用瞬时能量和主成分域提取去除影响因素后的钻孔应变数据震前异常。本书成果为钻孔应变前兆观测数据的分析及异常提取研究提供了新的思路和方法,并为汶川地震和芦山地震前兆异常研究提供了新的证据及震例分析方案。

虽然本书在钻孔应变数据异常提取方面做了一些实用性研究,但是仍有一些工作需要进一步完善:

(1)本书提出的方法可以将钻孔应变数据中的影响因素有效去除,但在对影响因素模态识别方面仍需要深入研究,进一步研究影响因素对钻孔应变观测的影响机制,从而使影响因素模态判断更为准确。

(2)由于钻孔应变前兆观测台站布设密集度的限制,本书主要对姑咱台站与附近的几个台站的钻孔应变观测数据进行了分析。在下一步工作中,将致力于更多台站联合分析研究。

(3)限于研究时间,本书主要针对汶川地震和芦山地震进行了分析,在下一步工作中将针对更多震例进行研究。

参 考 文 献

[1] 白金朋,2013.高精度体积式钻孔应变仪及其观测影响研究[D].北京:中国地质科学院.

[2] 陈建君,2009.复杂山区斜坡的地震动力响应分析[D].成都:成都理工大学.

[3] 陈文典,2014.基于 CORS 网络的精密单点定位研究[D].成都:西南交通大学.

[4] 陈运泰,2007.地震预测:进展、困难与前景[J].地震地磁观测与研究,28(2):10-24.

[5] 池顺良,张晶,池毅,2014.汶川、鲁甸、康定地震前应变数据由自洽到失洽的转变与地震成核[J].国际地震动态(12):3-13.

[6] 杜建国,仟柯田,孙凤霞,2018.地震成因综述[J].地学前缘,25(4):255-267.

[7] 冯卉,蒿杰,舒琳,等,2020.超宽带信号的实时中值频点提取方法:CN201811288116.4[P].2020-11-10.

[8] 傅承义,陈运泰,祁贵仲,1985.地球物理学基础[M].北京:科学出版社.

[9] 国家地震局科技监测司,1995.地震地形变观测技术[M].北京:地震出版社:355-356.

[10] 韩鹏,黄清华,修济刚,2009.地磁日变与地震活动关系的主成分分析:以日本岩手县北部 6.1 级地震为例[J].地球物理学报,52(6):1556-1563.

[11] 江莉,李林,董惠,2009.基于改进 EMD 方法的多分量信号分析[J].振动与冲击,28(4):51-53.

[12] 蒋骏,李胜乐,张雁滨,等,2000.地震前兆信息处理与软件系统:EIS 2000[M].北京:地震出版社.

[13] 雷娜,2015.低水平生态安全格局下西南山地村镇防灾减灾规划研究[D].重庆:重庆大学.

[14] 李海亮,李宏,2010.钻孔应变观测现状与展望[J].地质学报,84(6):895-900.

[15] 李进武,邱泽华,2014.钻孔应变仪观测的面应变潮汐因子初步分析[J].地球物理学进展,29(5):213-218.

[16] 李鹏,李静,石磊,等,2016.尼泊尔地震钻孔应变同震记录分析[J].防灾减灾学报,32(3):47-51.

[17] 李启成,2011.固体潮力触发地震的可能性[J].黑龙江科技学院学报(5):386-388.

[18] 李希亮,卢双苓,王强,等,2013.泰安地震台形变监测效能浅析[J].华南地震,33(3):29-34.

[19] 李玥,2016.基于最小噪声分离的航空电磁探测剖面噪声压制方法研究[D].长春:吉林大学.

[20] 廖盈春,2007.小波变换在固体潮观测资料处理中的应用[D].武汉:华中科技大学.

[21] 刘琦,张晶,2011.S 变换在汶川地震前后应变变化分析中的应用[J].大地测量与地球动力学,31(4):6-9.

[22] 刘琦,张晶,池顺良,等,2014.2013 年芦山 MS7.0 地震前后姑咱台四分量钻孔应变时

频特征分析[J].地震学报,36(5):770-779.

[23] 刘琦,张晶,马震,2016.结合钻孔水位、GPS资料分析2016年门源MS6.4地震前分量钻孔应变异常特征[J].地震,36(3):76-86.

[24] 马瑾,郭彦双,2014.失稳前断层加速协同化的实验室证据和地震实例[J].地震地质,36(3):547-561.

[25] 民政部国家减灾中心数据中心,2014.自然灾害的识别(下)[J].中国减灾(2):56-57.

[26] 牛志仁,1978.构造地震的前兆理论-震源孕育的膨胀:蠕动模式[J].地球物理学报,21(3):199-212.

[27] 欧阳祖熙,张钧,陈征,等,2009.地壳形变深井综合观测技术的新进展[J].国际地震动态(11):1-13.

[28] 欧阳祖熙,2011.美国PBO计划:钻孔应变仪台网遭遇挑战[J].国际地震动态(10):19-28.

[29] 邱泽华,张宝红,2002.我国钻孔应力-应变地震前兆监测台网的现状[J].国际地震动态(6):5-9.

[30] 邱泽华,石耀霖,2004.国外钻孔应变观测的发展现状[J].地震学报,26(S1):162-168.

[31] 邱泽华,马瑾,池顺良,等,2007.钻孔差应变仪观测的苏门答腊大地震激发的地球环型自由振荡[J].地球物理学报,50(3):797-805.

[32] 邱泽华,唐磊,周龙寿,等,2009a.四分量钻孔应变台网汶川地震前的观测应变变化[J].大地测量与地球动力学,29(1):1-5.

[33] 邱泽华,阚宝祥,唐磊,2009b.四分量钻孔应变观测资料的换算和使用[J].地震,29(4):83-89.

[34] 邱泽华,2010a.中国分量钻孔地应力-应变观测发展重要事件回顾[J].大地测量与地球动力学,30(5):42-47.

[35] 邱泽华,2010b.关于地震前兆的判据问题[J].大地测量与地球动力学,30(增2):1-5.

[36] 邱泽华,唐磊,张宝红,等,2012.用小波-超限率分析提取宁陕台汶川地震体应变异常[J].地球物理学报,55(2):538-546.

[37] 邱泽华,杨光,唐磊,等,2015.芦山M7.0地震前姑咱台钻孔应变观测异常[J].大地测量与地球动力学,35(1):158-161.

[38] 邱泽华,2017.钻孔应变观测理论和应用[M].北京:地震出版社.

[39] 任天翔,杨少华,董培育,等,2018.大渡河水位变化对四川姑咱台钻孔应变观测影响的数值分析[J].中国科学院大学学报,35(5):674-680.

[40] 邵楠清,2016.基于红外亮温背景场的地震异常信息提取研究[D].南京:南京信息工程大学.

[41] 申旭辉,张学民,崔静,等,2018.中国地震遥感应用研究与地球物理场探测卫星计划[J].遥感学报,22(增1):1-16.

[42] 史海霞,孟令媛,张雪梅,等,2018.汶川地震前的b值变化[J].地球物理学报,61(5):1874-1882.

[43] 史小平,张磊,姜振海,2020.临夏台分量钻孔应变观测与岷县—漳县6.6级地震的相关性分析[J].地震工程学报,42(2):391-395.

[44] 苏恺之,2003.我国钻孔应变观测的回顾与展望[J].地震地磁观测与研究,24(1): 65-69.

[45] 唐磊,邱泽华,阚宝祥,2007.中国钻孔体应变台网观测到的地球球型振荡[J].大地测量与地球动力学,27(6):37-44.

[46] 王凯英,郭彦双,冯向东,2018.应力时空演化揭示出的汶川地震前亚失稳过程[J].地球物理学报,61(5):1883-1890.

[47] 王若鹏,2012.地震电离层前兆短期预报研究[D].武汉:武汉大学.

[48] 王英,李巧萍,2013.高原情怀 大山精神:记云南省普洱市防震减灾工作[J].防灾博览(3):20-27.

[49] 文勇,赵燕杰,孟鑫,等,2012.青海地区钻孔应变干扰及异常分析[J].高原地震,24(3):30-35.

[50] 吴文轩,王志坚,张纪平,等,2018.基于峭度的VMD分解中k值的确定方法研究[J].机械传动,42(8):153-157.

[51] 武艳强,黄立人,2004.时间序列处理的新插值方法[J].大地测量与地球动力学,24(4):43-47.

[52] 阳光,陈超,袁梅,等,2015.姑咱台YRY-4分量钻孔应变仪观测数据异常和干扰特征分析[J].四川地震(1):41-47.

[53] 杨百存,秦四清,薛雷,等,2016.究竟有无可靠的大地震短临物理前兆[J].地球物理学进展,31(5):2020-2026.

[54] 杨少华,任天翔,董培育,等,2016.姑咱台钻孔应变观测值年变化的数值模拟解释[J].地震地质,38(4):1137-1147.

[55] 杨修信,1990.断层内闭锁区及其附近的应力分布[J].华北地震科学,8(1):30-37.

[56] 余丹,纪寿文,2017.地震前兆台网观测数据质量分析:中国地震背景场探测项目实施[J].地震地磁观测与研究,38(6):52-56.

[57] 余兰,2014.分数阶S变换及其在高精度地震信号时频分析中的应用研究[D].成都:电子科技大学.

[58] 张聪聪,2015.地震前兆观测数据异常检测方法研究[D].北京:中国地震局地壳应力研究所.

[59] 张敏,赵燕杰,文勇,等,2014.青海地区钻孔应变同震响应特征分析[J].高原地震,26(3):52-56.

[60] 张宁,2008.自适应时频分析及其时频属性提取方法研究[D].青岛:中国海洋大学.

[61] 张培震,2008.中国地震灾害与防震减灾[J].地震地质,30(3):577-583.

[62] 张维辰,朱凯光,池成全,等,2019.基于小波变换的2013年芦山MS7.0地震前姑咱台钻孔应变异常时频分析[J].地震学报,41(2):230-238.

[63] 张文慧,2013.关于数字地震监测技术的应用分析[J].赤子(5):214.

[64] 周桂华,卢永坤,刘丽芳,2012.2011年云南地震灾害综述[J].地震研究,35(4):578-582.

[65] 周军学,2012.地下水位对汶川地震的响应模式研究[D].天津:南开大学.

[66] 朱凯光,李玥,孟洋,等,2016.最小噪声分离在航空电磁数据噪声压制中的应用[J].吉

林大学学报(地球科学版),46(3):876-883.

[67] 朱凯光,池成全,于紫凝,等,2018. 基于主成分分析的钻孔应变数据异常提取方法: CN106918836B[P]. 2018-02-13.

[68] 朱晓峰,2005. 协方差矩阵和相关系数矩阵下主成分分析比较研究[J]. 中国体育科技, 41(3):134-136.

[69] BARMAN C,GHOSE D,SINHA B,et al,2016. Detection of earthquake induced radon precursors by Hilbert Huang Transform[J]. Journal of Applied Geophysics, 133:123-131.

[70] CHI C Q,ZHU K G,YU Z N,et al,2019. Detecting earthquake-related borehole strain data anomalies with variational mode decomposition and principal component analysis:a case study of the Wenchuan earthquake [J]. IEEE Access,7: 157997-158006.

[71] CHRISTODOULOU V,BI Y X,WILKIE G,2019. A tool for Swarm satellite data analysis and anomaly detection[J]. PLoS One,14(4):e0212098.

[72] DEY P,SATIJA U,RAMKUMAR B,2015. Single channel blind source separation based on variational mode decomposition and PCA[C]//2015 Annual IEEE India Conference (INDICON). December 17-20,New Delhi,India. IEEE,2016:1-5.

[73] DRAGOMIRETSKIY K,ZOSSO D,2014. Variational mode decomposition[J]. IEEE Transactions on Signal Processing,62(3):531-544.

[74] HAHN S L. Hilbert transforms in signal processing [M]. Boston: Artech House,1996.

[75] HATTORI K,HAN P,HUANG Q H,2013. Global variation of ULF geomagnetic fields and detection of anomalous changes at a certain observatory using reference data[J]. Electrical Engineering in Japan,182(3):9-18.

[76] HUANG N E,SHEN Z,LONG S R,et al,1998. The empirical mode decomposition and the Hilbert spectrum for nonlinear and non-stationary time series analysis[J]. Proceedings of the Royal Society of London Series A:Mathematical, Physical and Engineering Sciences,454(1971):903-995.

[77] HUANG N E,SHEN Z,LONG S R,1999. A new view of nonlinear water waves:the Hilbert spectrum[J]. Annual Review of Fluid Mechanics,31:417-457.

[78] HUANG N E,WU Z H,2008. A review on Hilbert-Huang transform:method and its applications to geophysical studies[J]. Reviews of Geophysics,46(2):RG2006.

[79] JYH-WOEI L,2011. Use of principal component analysis in the identification of the spatial pattern of an ionospheric total electron content anomalies after China's May 12,2008,M=7.9 Wenchuan earthquake[J]. Advances in Space Research,47(11): 1983-1989.

[80] KAIYING W,YANSHUANG G,XIANGDONG F,2018. Sub-instability stress state prior to the 2008 Wenchuan earthquake from temporal and spatial stress evolution [J]. CHINESE JOURNAL OF GEOPHYSICS-CHINESE EDITION, 61 (5):

1883-1890.

[81] KATSUMI, HATTORI, 2004. ULF geomagnetic anomaly associated with 2000 Izu Islands earthquake swarm, Japan[J]. Physics and Chemistry of the Earth, Parts A/B/C, 29(4/5/6/7/8/9):425-435.

[82] LIAN J, LIU Z, WANG H, et al, 2018. Adaptive variational mode decomposition method for signal processing based on mode characteristic[J]. Mechanical Systems and Signal Processing, 107:53-77.

[83] LINDE A T, GLADWIN M T, JOHNSTON M J S, et al, 1996. A slow earthquake sequence on the San Andreas fault[J]. Nature, 383(6595):65-68.

[84] LIU L, HAO B G, 2001. Time-frequency analysis theory and application[J]. Computer Automatic Measurement and Control, 9:44-47.

[85] MA J, GUO Y S, 2014. Accelerated synergism prior to fault instability: evidnce from laboratory experiments and an earthquake case[J]. Seismol Geology, 36:547-561.

[86] MARCHETTI D, DE SANTIS A, D'ARCANGELO S, et al, 2020. Magnetic field and electron density anomalies from swarm satellites preceding the major earthquakes of the 2016-2017 amatrice-norcia (central Italy) seismic sequence[J]. Pure and Applied Geophysics, 177(1):305-319.

[87] MATSUMOTO N, KITAGAWA G, ROELOFFS E A, 2003. Hydrological response to earthquakes in the Haibara well, central Japan - I. Groundwater level changes revealed using state space decomposition of atmospheric pressure, rainfall and tidal responses[J]. Geophysical Journal International, 155(3):885-898.

[88] MCGARR A, SACKS I S, LINDE A T, et al, 1982. Coseismic and other short-term strain changes recorded with Sacks-Evertson strainmeters in a deep mine, South Africa[J]. Geophysical Journal International, 70(3):717-740.

[89] NARTEAU C, BYRDINA S, SHEBALIN P, et al, 2009. Common dependence on stress for the two fundamental laws of statistical seismology[J]. Nature, 462(7273):642-645.

[90] QIU Z H, ZHANG B H, HUANG X N, et al, 1998. On the cause of ground stress tensile pulses observed before the 1976 Tangshan earthquake[J]. Bulletin of the Seismological Society of America, 88(4):989-994.

[91] QIU Z H, ZHANG B H, CHI S L, et al, 2011. Abnormal strain changes observed at Guza before the Wenchuan earthquake[J]. Science China Earth Sciences, 54(2):233-240.

[92] QIU Z H, TANG L, ZHANG B H, et al, 2013. in situ calibration of and algorithm for strain monitoring using four-gauge borehole strainmeters (FGBS)[J]. Journal of Geophysical Research: Solid Earth, 118(4):1609-1618.

[93] SACKS I S, SUYEHIRO S, EVERTSON D W, 1971. Sacks-evertson strainmeter, its installation in Japan and some preliminary results concerning strain steps[J].

Proceedings of the Japan Academy,47(9):707-712.

[94] SACKS I S, LINDE A T, SNOKE J A, et al, 2013. A slow earthquake sequence following the izu-oshima earthquake of 1978 [M]//Maurice Ewing Series. Washington,D. C. :American Geophysical Union:617-628.

[95] SANTIS A D, BALASIS G, PAVON-CARRASCO F J, et al, 2017. Potential earthquake precursory pattern from space:the 2015 Nepal event as seen by magnetic Swarm satellites[J]. Earth and Planetary Science Letters,461:119-126.

[96] SANTIS A D, MARCHETTI D, PAVÓN-CARRASCO F J, et al, 2019. Precursory worldwide signatures of earthquake occurrences on Swarm satellite data[J]. Scientific Reports,9(1):20287.

[97] SAROSO S, HATTORI K, ISHIKAWA H, et al, 2009. ULF geomagnetic anomalous changes possibly associated with 2004-2005 Sumatra earthquakes[J]. Physics and Chemistry of the Earth, Parts A/B/C,34(6/7):343-349.

[98] SERITA A, HATTORI K, YOSHINO C, et al, 2005. Principal component analysis and singular spectrum analysis of ULF geomagnetic data associated with earthquakes [J]. Natural Hazards and Earth System Sciences,5(5):685-689.

[99] SKELTON A, ANDRÉN M, KRISTMANNSDÓTTIR H, et al, 2014. Changes in groundwater chemistry before two consecutive earthquakes in Iceland[J]. Nature Geoscience,7(10):752-756.

[100] TAKANAMI T, LINDE A T, SACKS S I, et al, 2013. Modeling of the post-seismic slip of the 2003 Tokachi-Oki earthquake M 8 off Hokkaido: constraints from volumetric strain[J]. Earth, Planets and Space,65(7):731-738.

[101] WANG T, ZHANG M, YU Q, et al, 2012. Comparing the applications of EMD and EEMD on time-frequency analysis of seismic signal [J]. Journal of Applied Geophysics,83:29-34.

[102] WU Z H, HUANG N E, 2009. Ensemble empirical mode decomposition: a noise-assisted data analysis method[J]. Advances in Adaptive Data Analysis,1(1):1-41.

[103] XU G, HAN P, HUANG Q, et al, 2013. Anomalous behaviors of geomagnetic diurnal variations prior to the 2011 off the Pacific coast of Tohoku earthquake (Mw9. 0)[J]. Journal of Asian Earth Sciences,77:59-65.

[104] ZHANG X, MIAO Q, ZHANG H, et al, 2018. A parameter-adaptive VMD method based on grasshopper optimization algorithm to analyze vibration signals from rotating machinery[J]. Mechanical Systems and Signal Processing,108:58-72.

[105] ZHU K G, LI K Y, FAN M X, et al, 2019. Precursor analysis associated with the Ecuador earthquake using swarm A and C satellite magnetic data based on PCA[J]. IEEE Access,7:93927-93936.